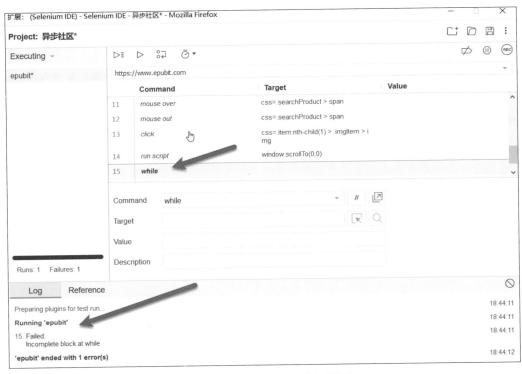

图 3-16 语法检查异常出现的相关信息

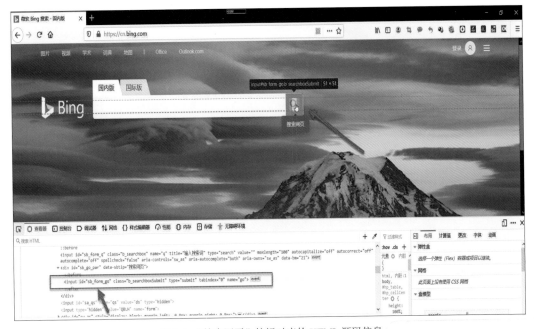

图 5-5 "搜索网页"按钮对应的 HTML 源码信息

图 5-22　Bing 搜索页面的源代码相关信息

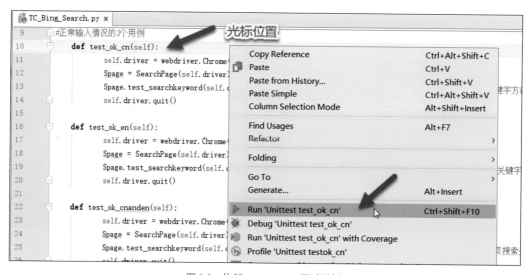

图 8-3　执行 test_ok_cn() 测试用例

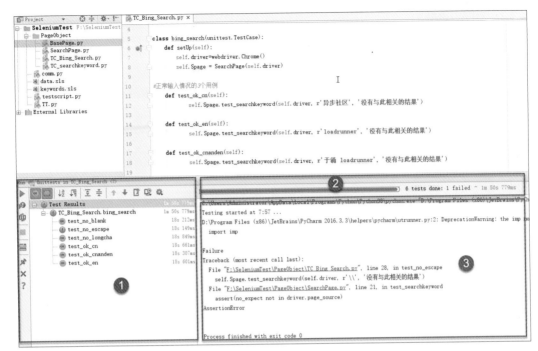

图 8-7　UnitTest 执行结果

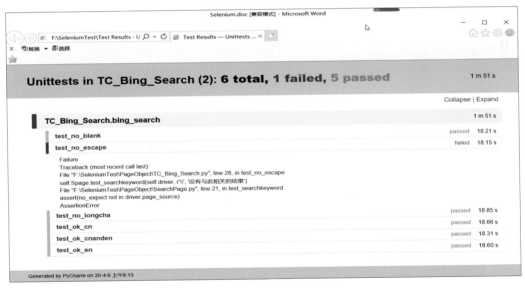

图 8-9　导出的 HTML 文件信息

1	#打开Bing搜索首页			
2	Open Browser	https://cn.bing.com	chrome	
3	#浏览器最大化			
4	Maximize Browser Window			
5	#输入Selenium搜索词			
6	Input Text	id=sb_form_q	Selenium	
7	#单击搜索按钮			
8	Click Button	id=sb_form_go		
9	#等待2秒钟			
10	Sleep	2s		
11	#截图			
12	Capture Page Screenshot	Search_selenium.png		
13	#断言			
14	Page Should Contain	Selenium		
15	#关闭浏览器			
16	Close Browser			
17				

图 8-49　Bing 搜索测试用例的脚本信息

图 11-7　复制并粘贴管理员密码

图 12-57　断言成功

Selenium
自动化测试实战
·基于 Python·

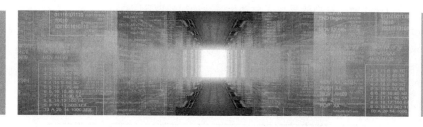

于涌◎著

人民邮电出版社
北京

图书在版编目（CIP）数据

Selenium自动化测试实战：基于Python／于涌著
． -- 北京：人民邮电出版社，2021.3
ISBN 978-7-115-55542-7

Ⅰ．①S… Ⅱ．①于… Ⅲ．①软件工具－自动检测
Ⅳ．①TP311.561

中国版本图书馆CIP数据核字(2020)第247385号

内 容 提 要

本书以 Python 3.8.2 为基础，不但介绍了 Selenium 4.0 alpha 5 的用法，而且介绍了测试模型、测试框架、测试策略方面的很多内容。本书共 12 章，内容主要包括 Selenium 自动化测试框架入门、Python 环境的搭建、Selenium 的安装、Selenium IDE 插件的安装与使用、Selenium 脚本的编写、Selenium 中的元素定位方法、自动化测试模型的搭建、自动化测试框架的设计、Docker 命令，以及基于 Docker 与 Selenium Grid 的测试技术应用，基于 Docker、Jenkins 与 Selenium 实现分布式自动化测试的方法，Selenium 在性能测试和安全性测试方面的应用等。

本书适合从事开发、测试、运维等工作的专业人士阅读。

◆ 著　　　于 涌
  责任编辑　谢晓芳
  责任印制　王 郁　焦志炜
◆ 人民邮电出版社出版发行　北京市丰台区成寿路 11 号
  邮编 100164　电子邮件 315@ptpress.com.cn
  网址 https://www.ptpress.com.cn
  北京鑫正大印刷有限公司印刷
◆ 开本：800×1000　1/16
  印张：16　　　　　　　　　　彩插：2
  字数：364 千字　　　　　　　2021 年 3 月第 1 版
  印数：1－2 000 册　　　　　　2021 年 3 月北京第 1 次印刷

定价：79.00 元

读者服务热线：(010)81055410　印装质量热线：(010)81055316
反盗版热线：(010)81055315
广告经营许可证：京东市监广登字 20170147 号

作者简介

于涌，具有丰富的软件测试理论和实际工作经验，熟悉软件开发全过程，先后在多家互联网企业担任测试总监职位，从事计算机软件测试工作和测试团队的管理工作多年，具有丰富的接口测试、安全性测试、性能测试经验，负责过多家公司的软件测试培训工作，已出版《精通移动 App 测试实战：技术、工具和案例》《精通软件性能测试与 LoadRunner 最佳实战》等多本图书。

前　　言

当前，越来越多的测试从业者开始从传统的功能测试转向测试开发或自动化测试，而完成这一角色转换需要较多的知识来支撑。越来越多的软件企业开始大量应用 Python 进行软件的开发和数据处理。Python 现在是软件开发人员都在学习的一门语言。由于同质化产品众多，软件行业竞争日益激烈，如何高效、保质保量地产出每个软件版本越来越重要。敏捷软件开发的深入开展，使持续集成成为趋势，而在敏捷模型的实现中，自动化测试是一个非常重要的环节。

Selenium 作为开源的、目前应用广泛的自动化测试工具深受测试从业者关注。随着人工智能、大数据、容器等技术的应用，如何高效、高质量地完成测试环境的部署并完成测试任务已经成为每一个测试人员都需要面对的问题。"工欲善其事，必先利其器"，Selenium 在图形化的功能测试、基于容器的自动化测试环境的部署、测试脚本的并行执行、安全性测试和性能测试方面大有用武之地。本书从脚本录制、元素定位方法解析、操作技巧、自动化测试模型、PageObject 设计模式等角度阐述了 Selenium 在软件测试中的应用。

本书不仅能让读者全面了解 Selenium，还能帮助读者掌握如何利用 Selenium 解决各种测试难题。无论是对于传统的软件开发模式还是现今流行的 DevOps、敏捷开发模式，使用 Selenium 都大有裨益。本书重点讲解如何运用 Selenium、Docker、Jenkins、OWASP ZAP、JMeter 等快速地实施基于图形用户界面的功能测试、兼容性测试、安全性测试和性能测试。

内容介绍

本书的目的是为从事软件测试、自动化测试及 Selenium 工具应用的读者答疑解惑，并结合案例讲解 Selenium 在自动化测试中的实战技术。

第 1 章介绍 Selenium 自动化测试框架、Selenium 的历史版本及核心组件等内容。

第 2 章讲述 Python 版本的选择、Python 环境的搭建、Selenium 的安装等内容。

第 3 章介绍 Selenium IDE 插件的安装、Selenium IDE 插件的使用、Selenium IDE 的脚本保存、Python 脚本转换、Selenium 命令行运行器等内容。

第 4 章详细讲解 Selenium 的配置，并介绍如何实现第一个可运行的脚本。

第 5 章详细介绍 Selenium 中的元素定位方法，也就是根据 id、name、class 属性以及标签、链接文本、XPath、CSS 定位元素。

第 6 章讲述 Selenium 的 3 种等待方式、高亮显示正在操作的元素的方法、为页面元素捕获异常的方法、断言在测试脚本中的应用、框架元素的切换、不同弹窗的处理方法、模拟键盘操作、模拟滚动条操作、模拟手机端浏览器等内容。

第 7 章介绍线性测试、模块化驱动测试、数据驱动测试、关键字驱动测试以及 PageObject 设计模式等内容。

第 8 章讲述 UnitTest 单元测试框架的应用、测试报告的生成、测试报告的发送、日志管理、Robot Framework、自动化测试平台的设计思想和投入成本等内容。

第 9 章详细介绍 Docker 的安装过程以及拉取镜像、启动容器、查看运行容器、删除容器、删除镜像等操作命令。

第 10 章介绍 Selenium Grid 组件的构成、基于 Docker 的 Selenium Grid 的测试环境部署过程以及案例等内容。

第 11 章讨论 Jenkins 的安装与配置过程、提高自动化测试执行效率的方法、实现分布式自动化测试的方法等内容。

第 12 章介绍如何利用 Selenium 辅助完成安全性测试、利用 Selenium 辅助完成性能测试的思想及案例等相关内容。

本书的目标读者

本书适合以下人员阅读。

- ❏ 测试人员，以及期望了解并掌握自动化测试的相关人员。
- ❏ 项目管理人员。
- ❏ 开发人员、运维人员、软件过程改进人员。

网上答疑

如果读者在阅读过程中发现本书有什么错误或不足，欢迎与作者联系，以便作者及时修正和完善。要获取本书的勘误、更新信息、答疑信息，请在测试者家园上搜索"fish_yy"。

致谢

在本书编写过程中，很多测试同行为本书的编写提出了宝贵建议，在此我对他们表示衷心感谢。部分学员和网友提供了很多优质的写作素材和资料，在此一并表示感谢。

于涌

服务与支持

本书由异步社区出品，社区（https://www.epubit.com/）为您提供后续服务。

提交勘误

作者和编辑尽最大努力来确保书中内容的准确性，但难免会存在疏漏。欢迎您将发现的问题反馈给我们，帮助我们提升图书的质量。

当您发现错误时，请登录异步社区，按书名搜索，进入本书页面，单击"提交勘误"，输入勘误信息，单击"提交"按钮即可，如下图所示。本书的作者和编辑会对您提交的勘误进行审核，确认并接受后，您将获赠异步社区的 100 积分。积分可用于在异步社区兑换优惠券、样书或奖品。

与我们联系

我们的联系邮箱是 contact@epubit.com.cn。

如果您对本书有任何疑问或建议，请您发邮件给我们，并请在邮件标题中注明本书书名，以便我们更高效地做出反馈。

如果您有兴趣出版图书、录制教学视频，或者参与图书翻译、技术审校等工作，可以发邮件给我们；有意出版图书的作者也可以到异步社区在线投稿（直接访问 www.epubit.com/contribute 即可）。

如果您所在的学校、培训机构或企业想批量购买本书或异步社区出版的其他图书，也可以发邮件给我们。

如果您在网上发现有针对异步社区出品图书的各种形式的盗版行为，包括对图书全部或部分内容的非授权传播，请您将怀疑有侵权行为的链接通过邮件发送给我们。您的这一举动是对作者权益的保护，也是我们持续为您提供有价值的内容的动力之源。

关于异步社区和异步图书

"异步社区"是人民邮电出版社旗下IT专业图书社区，致力于出版精品IT图书和相关学习产品，为作译者提供优质出版服务。异步社区创办于2015年8月，提供大量精品IT图书和电子书，以及高品质技术文章和视频课程。更多详情请访问异步社区官网 https://www.epubit.com。

"异步图书"是由异步社区编辑团队策划出版的精品IT专业图书的品牌，依托于人民邮电出版社几十年的计算机图书出版积累和专业编辑团队，相关图书在封面上印有异步图书的LOGO。异步图书的出版领域包括软件开发、大数据、人工智能、测试、前端、网络技术等。

异步社区

微信服务号

目 录

第 1 章　Selenium 自动化测试框架入门 ···· 1
1.1　Selenium 自动化测试框架概述 ········ 1
1.2　Selenium 的历史版本及核心组件 ···· 2
　　1.2.1　Selenium 1.0 ······················· 3
　　1.2.2　Selenium 2.0 ······················· 5

第 2 章　Python 与 Selenium 环境的
　　　　 搭建 ································· 8
2.1　Python 版本的选择 ························ 8
2.2　Python 环境的搭建 ······················ 10
2.3　Selenium 的安装 ························· 15

第 3 章　Selenium IDE 插件的安装与
　　　　 使用 ······························· 16
3.1　Selenium IDE 插件的安装 ············ 16
3.2　Selenium IDE 的使用 ·················· 17
3.3　Selenium IDE 的脚本保存与 Python
　　 脚本转换 ···································· 26
3.4　Selenium 命令行运行器 ··············· 30

第 4 章　Selenium 的配置与第一个可运行
　　　　 的脚本 ····························· 33
4.1　Selenium 的配置 ························· 33
4.2　第一个可运行的脚本 ···················· 35

第 5 章　Seleniumk 中的元素定位方法与
　　　　 案例演示 ·························· 37
5.1　Selenium 的元素定位方法概述 ····· 37
5.2　根据 id 属性定位元素 ·················· 38
　　5.2.1　find_element_by_id()方法 ······ 39
　　5.2.2　find_elements_by_id()方法 ···· 41
　　5.2.3　find_element()方法 ··············· 43
　　5.2.4　find_elements()方法 ············· 43

5.3　根据 name 属性定位元素 ············· 44
5.4　根据 class 属性定位元素 ·············· 47
5.5　根据标签定位元素 ······················· 49
5.6　根据链接文本定位元素 ················ 53
5.7　根据部分链接文本定位元素 ········· 56
5.8　根据 XPath 定位元素 ··················· 57
5.9　根据 CSS 定位元素 ····················· 65

第 6 章　Selenium 中的其他方法与案例
　　　　 演示 ································ 69
6.1　浏览器导航操作的相关应用 ········· 69
6.2　Selenium 的 3 种等待方式 ············ 70
　　6.2.1　强制等待 ···························· 70
　　6.2.2　显式等待 ···························· 70
　　6.2.3　隐式等待 ···························· 73
6.3　高亮显示正在操作的元素 ············ 73
6.4　为页面元素捕获异常 ··················· 74
6.5　断言在测试脚本中的应用 ············ 77
6.6　框架元素的切换 ·························· 79
6.7　不同弹窗的处理方法 ··················· 82
　　6.7.1　警告弹窗 ···························· 83
　　6.7.2　确认弹窗 ···························· 83
　　6.7.3　快捷输入弹窗 ····················· 84
6.8　模拟键盘操作 ····························· 86
6.9　模拟滚动条操作 ·························· 88
6.10　模拟手机端浏览器 ···················· 89

第 7 章　自动化测试模型 ······················ 93
7.1　自动化测试模型概述 ··················· 93
　　7.1.1　线性测试 ···························· 93
　　7.1.2　模块化驱动测试 ·················· 94

目录

	7.1.3 数据驱动测试 …………………… 94	
	7.1.4 关键字驱动测试 ………………… 96	
7.2	PageObject 设计模式 ………………… 98	
第 8 章	**自动化测试框架的设计与工具应用** ………………………………… 101	
8.1	UnitTest 单元测试框架的应用 …………………………………… 101	
	8.1.1 测试用例的设计 ………………… 102	
	8.1.2 测试用例的实现 ………………… 103	
8.2	测试报告的生成 …………………………… 113	
8.3	测试报告的发送 …………………………… 118	
8.4	日志管理 …………………………………… 123	
8.5	Robot Framework 简介 ………………… 130	
8.6	Robot Framework 与 Selenium 环境的搭建 ……………………………… 131	
	8.6.1 Robot Framework 的安装 ……… 131	
	8.6.2 Robot Framework RIDE 的安装 ………………………………… 132	
	8.6.3 SeleniumLibrary 的安装 ………… 133	
8.7	Robot Framework 与 Selenium 案例演示 ……………………………… 134	
8.8	自动化测试平台的设计思想 …………… 145	
8.9	自动化测试平台的投入成本 …………… 147	
8.10	测试平台开发综述 ……………………… 148	
第 9 章	**Docker 基础与操作实战** ………… 151	
9.1	Docker 容器简介 ………………………… 151	
9.2	Docker 的安装过程 ……………………… 154	
	9.2.1 CentOS 7.0 操作系统中 Docker 的安装过程 ………………… 154	
	9.2.2 Windows 10 操作系统中 Docker 的安装过程 ………………… 157	
9.3	Docker 命令实战：帮助命令（docker --help） …………………… 160	
9.4	Docker 命令实战：拉取镜像（docker pull） ……………………… 161	
9.5	Docker 命令实战：显示本机已有镜像（docker images） ……………… 163	
9.6	Docker 命令实战：启动容器（docker run） ………………………… 164
9.7	Docker 命令实战：查看运行容器（docker ps） ………………………… 165
9.8	Docker 命令实战：在容器中运行命令（docker exec） ……………… 166
9.9	Docker 命令实战：停止容器运行（docker stop） ……………………… 167
9.10	Docker 命令实战：启动/重启容器（docker start/restart） …………… 167
9.11	Docker 命令实战：查看容器元数据（docker inspect） ……………… 168
9.12	Docker 命令实战：删除容器（docker rm） ………………………… 169
9.13	Docker 命令实战：删除镜像（docker rmi） ………………………… 170
9.14	Docker 命令实战：导出容器（docker export） ……………………… 171
9.15	Docker 命令实战：从 tar 文件中创建镜像（docker import） ……… 173
第 10 章	**基于 Docker 与 Selenium Grid 的测试技术** ………………………… 175
10.1	Selenium Grid 简介 ……………………… 175
10.2	基于 Docker 的 Selenium Grid 的相关配置 ……………………………… 176
10.3	基于 Docker + Selenium Grid 的案例演示 ……………………………… 178
第 11 章	**基于 Docker、Jenkins 与 Selenium 实现分布式自动化测试** ………… 185
11.1	Jenkins 简介 ……………………………… 185
11.2	Jenkins 的安装与配置过程 ……………… 186
11.3	基于 Selenium + UnitTest 提高自动化测试的执行效率 ………………… 192
11.4	基于 Docker + Jenkins + Selenium 实现分布式自动化测试 …………… 196
第 12 章	**Selenium 在性能测试和安全性测试方面的应用** ……………………… 215

12.1	使用 Selenium 辅助完成安全性测试 ·······················215
12.2	使用 Selenium 辅助完成性能测试背后的思想 ··················225
12.3	JMeter 的安装、配置与使用 ······225
	12.3.1 下载 JMeter 的安装环境 ·····225
	12.3.2 安装 JMeter ·····················226
	12.3.3 JMeter 的录制需求 ···········227
	12.3.4 创建线程组 ·····················227
12.4	使用 Selenium + JMeter 实现性能测试脚本的自动生成 ···················234

第 1 章 Selenium 自动化测试框架入门

1.1 Selenium 自动化测试框架概述

说到目前流行的自动化测试工具，相信只要做过软件测试相关工作，就一定听说过 Selenium。

图 1-1 是某企业招聘自动化测试工程师的信息，大家可以看到在岗位任职条件方面明确指出要求应聘者具有 Selenium 等主流自动化测试工具的使用经验。

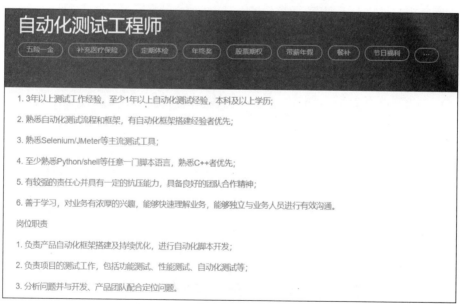

图 1-1 某企业自动化测试工程师招聘信息

那么 Selenium 是谁开发的？它是用来解决什么问题的？它为什么会被自动化测试人员广泛使用呢？

在日常的软件测试工作中,功能测试是软件测试的重要环节,而手动的功能测试有许多缺点,其中主要的缺点是测试过程单调且重复,这种长时间的重复操作容易使人厌倦、出错。2004年,Thoughtworks 的工程师 Jason Huggins 决定使用自动化测试工具来改变这种状况。他开发了一款名为 JavaScriptTestRunner 的 JavaScript 程序,这款 JavaScript 程序可以自动进行 Web 应用程序的功能测试。同年,JavaScriptTestRunner 更名为 Selenium。

Selenium 是开源的,可以在 GitHub 上找到,如图 1-2 所示。Selenium 是大型项目,包含用于支持 Web 浏览器自动化的一系列工具和库。

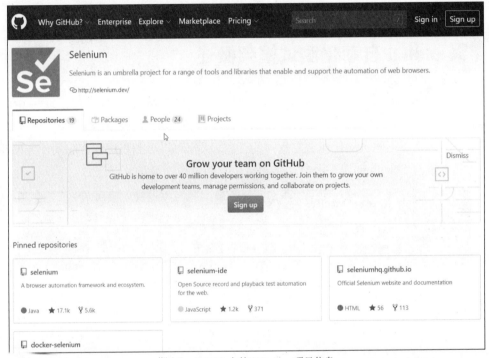

图 1-2　GitHub 上的 Selenium 项目信息

从图 1-2 可以看出,在 Selenium 项目的仓库中共有 19 个子项目,这也验证了 Selenium 确实是大型项目。这里我们只关注 Selenium 的核心内容,而不去关注其他辅助性的子项目。

1.2　Selenium 的历史版本及核心组件

在写作本书时,Selenium 的最新可获取版本是 Selenium 4.0 alpha 版本,而稳定版本是 Selenium 3.0,对应的可下载版本是 Selenium 3.141.0。为了使读者能够系统地掌握 Selenium,我认为非常有必要了解 Selenium 的历史版本及核心组件,Selenium 的核心组件如图 1-3 所示。

1.2 Selenium 的历史版本及核心组件

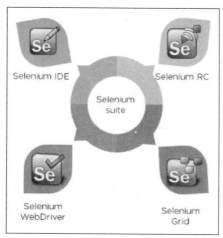

图 1-3　Selenium 的核心组件

1.2.1　Selenium 1.0

1. Selenium IDE

2006 年，Shinya Kasatani 开发了 Selenium IDE 的第一个版本，当时它是 Firefox 浏览器的一个插件。通过该插件，在 Firefox 浏览器中实现业务功能时，能够自动录制业务功能脚本，如图 1-4 所示。你还可以根据需要将产生的脚本转换为 Python、Java、Ruby、C#等脚本信息，如图 1-5 所示。录制的脚本或者由脚本产生的脚本信息可以回放，从而验证功能的正确性、可用性等。

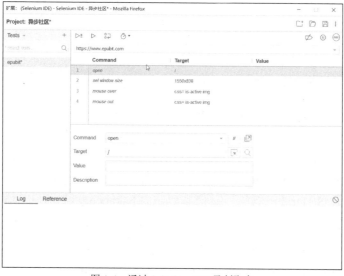

图 1-4　通过 Selenium IDE 录制脚本

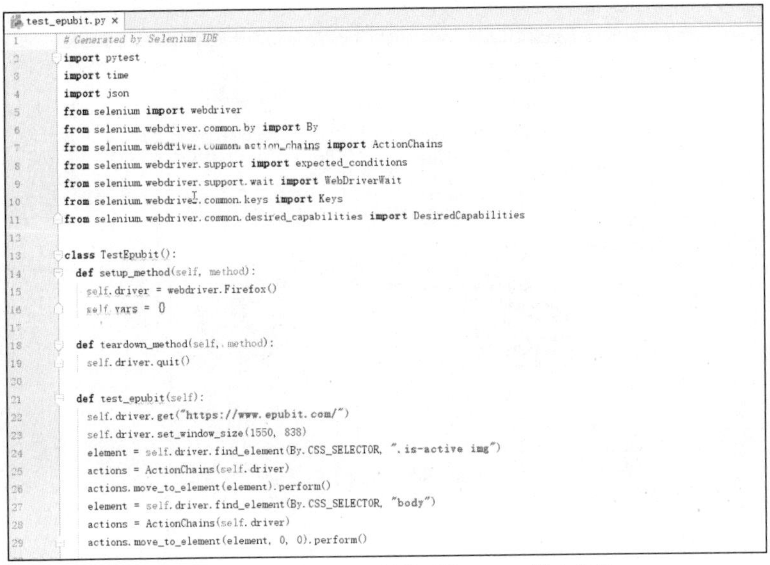

```
# Generated by Selenium IDE
import pytest
import time
import json
from selenium import webdriver
from selenium.webdriver.common.by import By
from selenium.webdriver.common.action_chains import ActionChains
from selenium.webdriver.support import expected_conditions
from selenium.webdriver.support.wait import WebDriverWait
from selenium.webdriver.common.keys import Keys
from selenium.webdriver.common.desired_capabilities import DesiredCapabilities

class TestEpubit():
    def setup_method(self, method):
        self.driver = webdriver.Firefox()
        self.vars = {}

    def teardown_method(self, method):
        self.driver.quit()

    def test_epubit(self):
        self.driver.get("https://www.epubit.com/")
        self.driver.set_window_size(1550, 838)
        element = self.driver.find_element(By.CSS_SELECTOR, ".is-active img")
        actions = ActionChains(self.driver)
        actions.move_to_element(element).perform()
        element = self.driver.find_element(By.CSS_SELECTOR, "body")
        actions = ActionChains(self.driver)
        actions.move_to_element(element, 0, 0).perform()
```

图 1-5　由 Selenium IDE 转换后的 Python 脚本信息

Selenium IDE 具有以下特点。

- 操作简单，不要求操作人员具有编码能力。
- 测试脚本可复用，从而减轻测试人员的重复性操作压力。
- 可以单个或批量运行测试脚本。
- 脚本支持命令行调用可用于持续集成。
- 可以控制脚本的执行速度。
- 一定程度上支持脚本调试功能，如断点、单步运行等。
- 可以将脚本导出为使用多种不同语言。

这里只是对 Selenium IDE 做了简单介绍，后续我们将进行更加详细的介绍。

2. Selenium Remote Control（RC）

Paul Hammant 开发了 Selenium Remote Control，这里我们将 Selenium Remote Control 简写成 Selenium RC。前面已经介绍过 Selenium 的核心是 JavaScriptTestRunner。JavaScriptTestRunner 是一组 JavaScript 函数，可首先通过使用浏览器内置的 JavaScript 解释器进行解释和执行 Selenese 命令，然后再将 Selenium Core 注入浏览器。但是，这里存在同源策略问题，也就是说，假设有一个 JavaScript 测试脚本，该脚本要访问 baidu.com 域，从而访问 baidu.com/news、baidu.com/map 之类的页面元素，这没有问题，但无法访问 epubit.com 或 bing.com 等其他域的元素。因为 baidu.com/news 和 baidu.com/map 同源，它们有相同的域，都是 baidu.com。那么怎么才能够跨域访问呢？Selenium RC 就是用来解决这一问题的，它分为 Client Library 和 Selenium Server 两部分。Client Library 部分提供了丰富的接口，主要用于编写自动化测试脚本来连接、控制 Selenium Server。Selenium Server 负责充当客户端配置的 HTTP 代理,并"欺骗"浏览器以使 Selenium Core 和被测试的 Web 应用程序共享相同的来源,接收来自客户端程序的命令,并将它们传给浏览器。

3. Selenium Grid

Patrick Lightbody 开发了 Selenium Grid。Selenium Grid 可以实现在不同的浏览器和操作系统中并行地执行测试脚本,从而最大限度地缩短测试时间,提升工作效率。具体的工作模式如下。

由一个 Hub 节点控制若干 Node,Hub 节点负责管理和收集 Node 的注册和工作状态等信息,接收远程调用并将相关请求分发给各 Node 来执行。

1.2.2 Selenium 2.0

Selenium 2.0 在 Selenium 1.0 的基础上添加了对 Selenium WebDriver 的支持。

1. Selenium WebDriver

Selenium WebDriver 由 Simon Stewart 在 2006 年开发,是一个可以在操作系统级别配置和控制浏览器的跨平台测试框架。Selenium WebDriver 可直接与浏览器应用程序进行本地交互。Selenium WebDriver 支持各种编程语言,如 Python、Ruby、PHP 和 Perl 等,还可以与 JUnit 和 Unittest 之类的单元测试框架集成以进行测试管理。

Selenium WebDriver 架构主要包括 4 部分——Selenium Client Library、JSON Wire Protocal Over HTTP Client、Browser Drivers 和 Browsers,如图 1-6 所示。

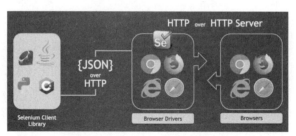

图 1-6 Selenium WebDriver 架构

- ❑ Selenium Client Library:Selenium 自动化测试人员可以使用 Java、Ruby、Python、C# 等语言,利用它们提供的库来编写脚本。
- ❑ JSON Wire Protocol Over HTTP Client:JSON Wire Protocol 是在 HTTP 服务器之间传输信息的 REST 风格的 API。每个浏览器驱动程序(如 FirefoxDriver、ChromeDriver 等)都有它们各自的 HTTP 服务器。

- Browser Drivers：不同的浏览器都包含一个单独的浏览器驱动程序。浏览器驱动程序与相应的浏览器通信。当浏览器驱动程序接收到任何指令时，将在相应的浏览器中执行，响应信息将以 HTTP 的形式返回。
- Browsers：Selenium 支持多种浏览器，如 Firefox、Chrome、IE、Safari 等。

Selenium 和 WebDriver 原本属于两个不同的项目。为了弥补 Selenium 和 WebDriver 各自的不足，形成更加完善的 Selenium 测试框架，才对这两个项目进行了合并。

2. Selenium 3.0

目前发布的稳定版本是 Selenium 3.0，Selenium 3.0 版本做了以下更新。

- 去除了 Selenium RC 组件。
- Selenium 3.0 只支持 Java 8 及以上版本。
- 在 IE 支持方面，只支持 IE 9.0 以上版本。
- Selenium 3.0 中的 Firefox 需要使用独立的浏览器驱动。

3. Selenium 4.0

自从 2019 年 4 月发布 Selenium 4.0 的第一个 alpha 版本以来，截至目前 Selenium 4.0 已有 4 个 alpha 版本，如图 1-7 所示。Selenium 给自动化测试从业者带来了更多的期待，那么 Selenium 4.0 又有什么新特性呢？

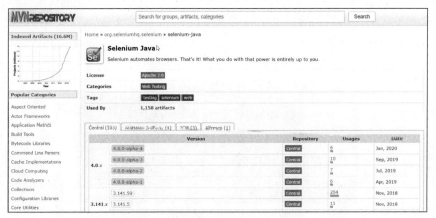

图 1-7　Selenium 4.0 alpha 版本的获取方式（针对 Java 语言）

单击 4.0.0-alpha-4 链接，可以查看对应的 Maven 依赖信息，如图 1-8 所示。

Selenium 4.0 主要包括以下新特性。

- Selenium IDE 功能改版：用过 Selenium IDE 的读者都清楚，之前 Selenium IDE 以插件的形式运行在 Firefox 和 Chrome 浏览器中，改版后将能够用于更多浏览器，同时还提供了全新的基于 Node.js 的 CLI（命令行）运行程序，能够并行执行测试用例，并提供通过和失败的测试用例、执行耗时等相关信息。新的 Selenium IDE 运行程序完全基于 Selenium WebDriver。

图 1-8　Selenium 4.0.0-alpha-4 的 Maven 依赖信息

- WebDriver API 成为 W3C 标准：WebDriver API 不仅用于 Selenium，还用在很多其他的自动化测试工具（如 Appium）中。Selenium 新版本最突出的变化是 WebDriver API 完全遵循 W3C 标准，这意味着 WebDriver API 现在可以跨不同的软件实现，而不会出现任何兼容性问题。

- Selenium Grid 改良：如果你以前用过 Selenium Grid，一定会遇到一些节点配置方面的问题并记忆深刻。Selenium Grid 有两个基础组件——Node 和 Hub。Node 用于执行测试用例，而 Hub 用于控制所有执行用例的 Node。我们在连接 Hub 和 Node 时，经常会出现很多问题。但在 Selenium 4.0 中，当启动 Selenium Grid 时，Selenium Grid 将同时充当 Hub 和 Node 的角色，使得连接过程变得非常容易，从而很好地支持了 Docker 部署，并且不存在线程问题。Selenium Grid 服务器还可以输出 JSON 格式的日志文件。在用户界面上，Selenium 4.0 也有了很多改良，可以直观地看到执行测试用例的相关信息等。

- 更直观方便的调试信息：钩子（hook）和请求（request）跟踪的日志记录也得到了改进，因为可调试或可观察性不再仅适用于 DevOps。自动化测试人员现在可以更好地使用改进的用户界面来进行调试。

- 更完善的文档：文档对于任何项目的成功都非常重要。自从 Selenium 2.0 发布以来，这些文件已经很多年没有更新了。也就是说，任何想学习 Selenium 的人都必须依赖旧的教程，但许多特性在 Selenium 3.0 中已经发生了变化。SeleniumHQ 承诺将提供一份新的文档，这也许是自动化测试工程师最期待的更新。

第 2 章　Python 与 Selenium 环境的搭建

2.1　Python 版本的选择

可以通过访问 Python 官网来获取 Python 的相关资源和安装包等内容，如图 2-1 所示。

图 2-1　Python 的相关资源和安装包

单击 Downloads 选项，将出现图 2-2 所示的页面信息。

从图 2-2 可以看到，目前 Python 的最新版本为 3.8.2。页面的下方提供了可以下载的 Python 版本列表，可以单击相应的链接以下载需要的 Python 版本，这里以下载 Python 3.8.2 为例，如图 2-3 所示。

2.1　Python 版本的选择

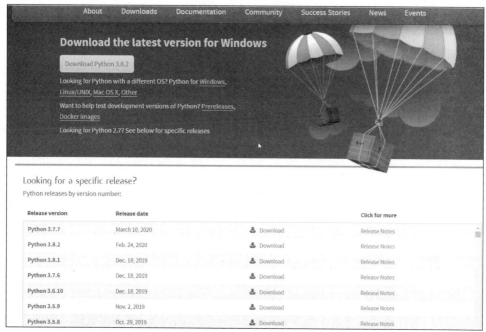

图 2-2　Python 可下载版本的相关信息

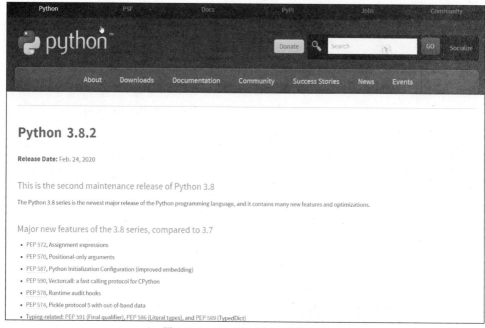

图 2-3　Python 3.8.2 版本的相关信息

图 2-3 所示的页面上显示了 Python 3.8.2 版本的发布日期、特性等信息。继续滚动页面，可以找到下载链接，如图 2-4 所示。

9

Full Changelog

Files

Version	Operating System	Description	MD5 Sum	File Size	GPG
Gzipped source tarball	Source release		f9f3768f757e34b342dbc06b41cbc844	24007411	SIG
XZ compressed source tarball	Source release		e9d6ebc92183a177b8e8a58cad5b8d67	17869888	SIG
macOS 64-bit installer	Mac OS X	for OS X 10.9 and later	f12203128b5c639dc08e5a43a2812cc7	30023420	SIG
Windows help file	Windows		7506675dcbb9a1569b54e600ae66c9fb	8507261	SIG
Windows x86-64 embeddable zip file	Windows	for AMD64/EM64T/x64	1a98565285491c0ea65450e78afe6f8d	8017771	SIG
Windows x86-64 executable installer	Windows	for AMD64/EM64T/x64	b5df1cbb2bc152cd70c3da9151cb510b	27586384	SIG
Windows x86-64 web-based installer	Windows	for AMD64/EM64T/x64	2586cdad1a363d1a8abb5fc102b2d418	1363760	SIG
Windows x86 embeddable zip file	Windows		1b1f0f0c5ee8601f160cfad5b560e3a7	7147713	SIG
Windows x86 executable installer	Windows		6f0ba59c7dbeba7bb0ee21682fe39748	26481424	SIG
Windows x86 web-based installer	Windows		04d97979534f4bd33752c183fc4ce680	1325416	SIG

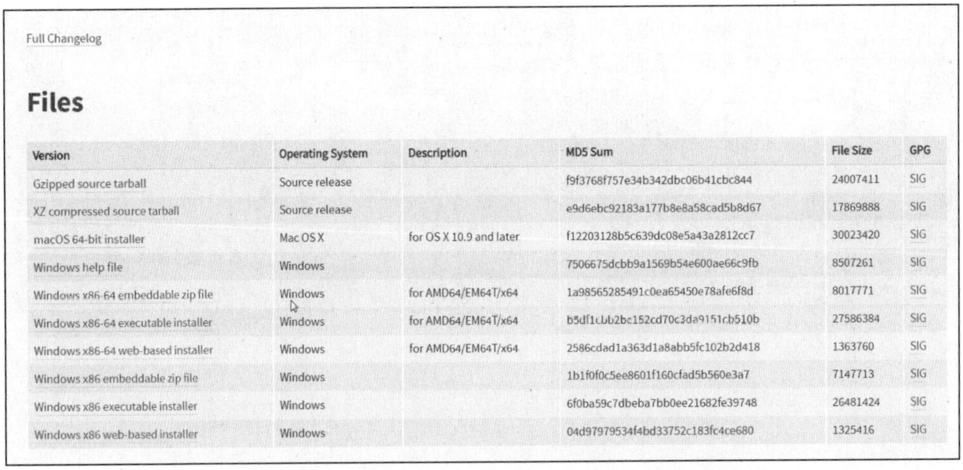

图 2-4　基于不同操作系统的 Python 3.8.2 版本的下载信息

从图 2-4 可以看出，Python 3.8.2 提供了源代码以及用于 macOS X 和 Windows 操作系统的安装包。需要提醒读者的是，对于 Windows 操作系统，需要根据操作系统是 Windows 32 位还是 64 位来下载对应的安装包，这里单击 Windows x86-64 executable installer 链接，如图 2-5 所示。

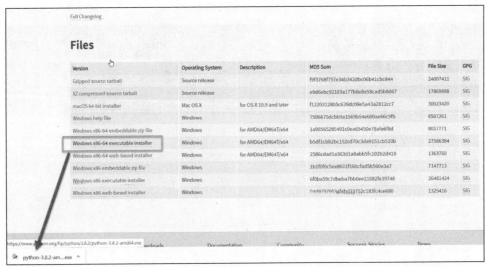

图 2-5　下载 Python 3.8.2 的 Windows 64 位安装版本

2.2 Python 环境的搭建

在这里，我们将已下载的 Python 3.8.2 的 Windows 64 位安装包（python-3.8.2-amd64.exe 文件）放到了本地的 C 盘根目录下。

2.2 Python 环境的搭建

选中 python-3.8.2-amd64.exe 文件后，右击，从弹出菜单中选择"以管理员身份运行"，开始在 Windows 10 操作系统中安装 Python 3.8.2，如图 2-6 所示。

图 2-6　开始在 Windows 10 操作系统中安装 Python 3.8.2

如图 2-7 所示，在安装时选中 Add Python 3.8 to PATH 复选框，从而在 Python 安装完毕后将 Python 可执行文件所在的路径添加到 Windows 10 操作系统的 PATH 环境变量中，而后单击 Install Now 按钮。

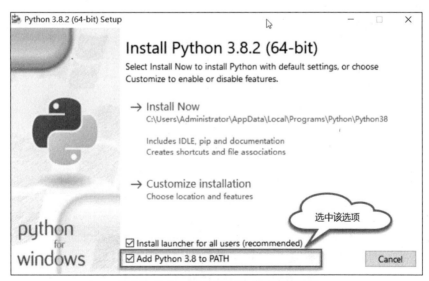

图 2-7　Python 3.8.2（64 位）版本安装界面

进入 Python 安装进度界面，如图 2-8 所示。

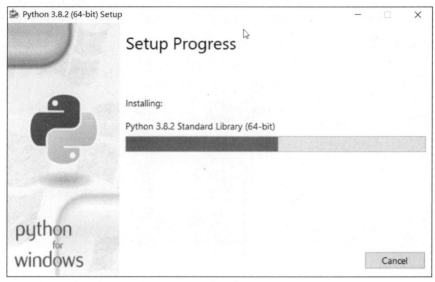

图 2-8　Python 安装进度界面

Python 安装成功后将显示相关信息，如图 2-9 所示。

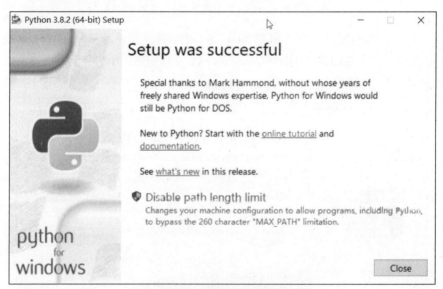

图 2-9　Python 安装成功后的相关信息

我们也可以通过查看 Windows 操作系统的环境变量来判断 Python 是否安装成功。打开"环境变量"对话框，我们可以看到在"Administrator 的用户变量"列表框中，系统已经为 PATH 环境变量添加了两项与 Python 相关的内容，如图 2-10 和图 2-11 所示。

Python 3.8.2 成功安装后，就可以在程序组中看到图 2-12 所示的信息。

2.2 Python 环境的搭建

图 2-10　打开"环境变量"对话框

图 2-11　已添加到 PATH 环境变量中的 Python 相关信息

图 2-12　程序组中显示的 Python 3.8 相关信息

13

下面让我们验证一下 Python 3.8.2 是否安装成功，方法有两种。一种是在命令提示符窗口中执行 python 命令，如图 2-13 所示。另一种是在 Python 3.8 中单击 Python 3.8（64-bit）菜单项，当出现 Python 3.8.2 版本的相关信息时，就说明 Python 3.8.2 已经安装成功了。

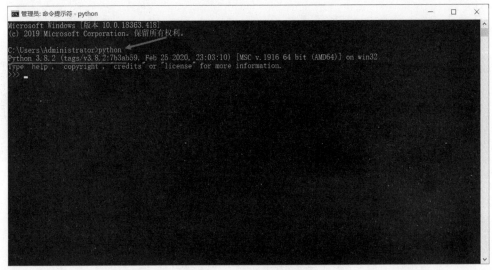

图 2-13　执行 python 命令

最后让我们一起来完成第一个 Python 脚本，在命令提示符窗口中执行 print("hello world. ") 命令，可以看到输出的内容为"hello world."，如图 2-14 所示。

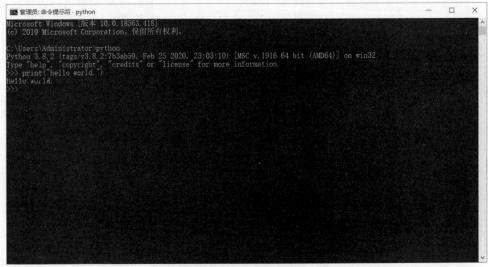

图 2-14　使用 Python 编程语言实现的"hello world."脚本输出信息

2.3 Selenium 的安装

可以使用如下命令下载并安装 Selenium 4.0 alpha 5，如图 2-15 所示。

```
pip3 install selenium==4.0.0a5
```

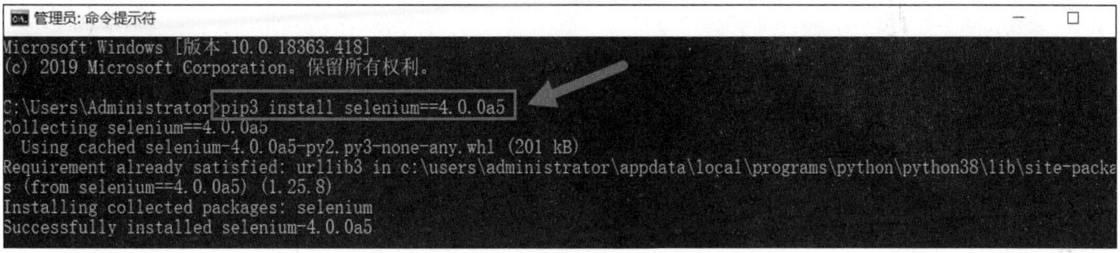

图 2-15　使用 pip 命令安装 Selenium 4.0 alpha 5

在安装过程中，系统有可能提示你升级 pip。如果希望升级 pip，可继续输入如下命令。

```
python -m pip install --upgrade pip
```

同时，需要安装 requests 模块，相关命令如下。

```
pip3 install requests
```

图 2-16 显示了用来安装 requests 模块的 pip 命令及输出信息。

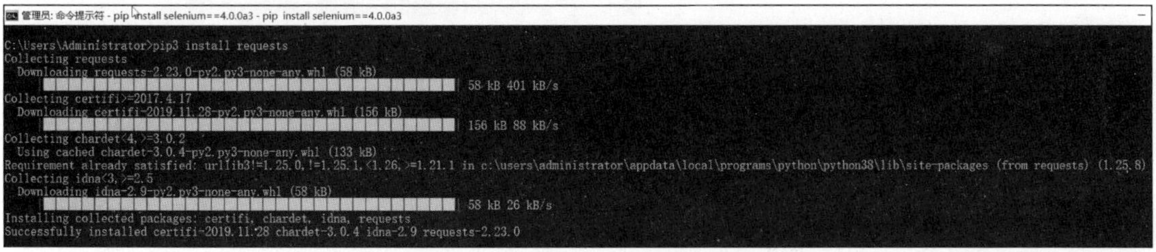

图 2-16　使用 pip 命令安装 requests 模块

第 3 章　Selenium IDE 插件的安装与使用

可以在 Chrome 或 Firefox 浏览器的附加组件中找到 Selenium IDE 插件并进行安装。这里以 Firefox 浏览器为例，查找 selenium，就会出现 Selenium IDE 插件，如图 3-1 所示。

图 3-1　Selenium IDE 插件的相关信息

3.1　Selenium IDE 插件的安装

找到 Selenium IDE 插件后，进行安装即可，由于安装过程非常简单，这里不再赘述。安装完毕后，工具条上就会出现 Selenium IDE 插件图标，如图 3-2 所示。

图 3-2　Firefox 浏览器的工具条上的 Selenium IDE 插件图标

3.2 Selenium IDE 的使用

单击 Selenium IDE 插件图标,将出现图 3-3 所示的对话框。

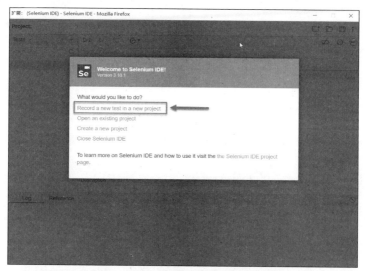

图 3-3 Selenium IDE 的欢迎使用对话框

从图 3-3 可以看出,目前 Selenium IDE 插件的版本是 3.16.1,单击 Record a new test in a new project 链接。

在弹出的新项目名称对话框中,设置 PROJECT NAME 为"异步社区",如图 3-4 所示,而后单击 OK 按钮。

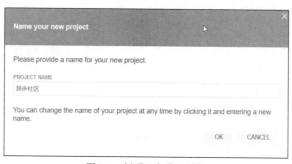

图 3-4 新项目名称对话框

在弹出的项目 URL 对话框中,输入异步社区的网址 https://www.epubit.com,如图 3-5 所示。单击 START RECORDING 按钮,开始录制脚本。

如图 3-6 所示,我们可以看到在录制时,页面的右下角有一个圆角矩形框,用来标识

17

Selenium IDE 正在进行录制。在这里，我以演示访问人民邮电出版社的异步社区为例。你在操作的同时，将发现 Selenium IDE 会产生对应的脚本信息，并展现在 Selenium IDE 中。如果已经完成录制，就单击 Selenium IDE 中的"停止录制"按钮，如图 3-7 所示。

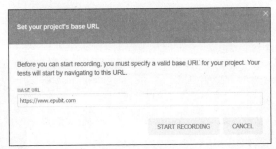

图 3-5　项目 URL 对话框

图 3-6　Selenium IDE 正在录制异步社区页面信息

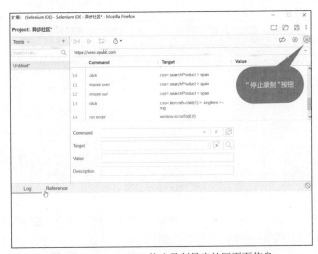

图 3-7　Selenium IDE 停止录制异步社区页面信息

3.2 Selenium IDE 的使用

接下来，命名测试用例，输入 epubit，如图 3-8 所示，单击 OK 按钮。

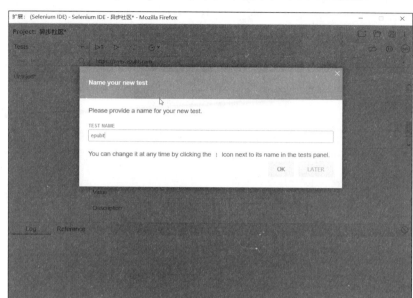

图 3-8 为测试用例起名字

在图 3-9 所示的页面中，单击 Save project 按钮，保存项目。

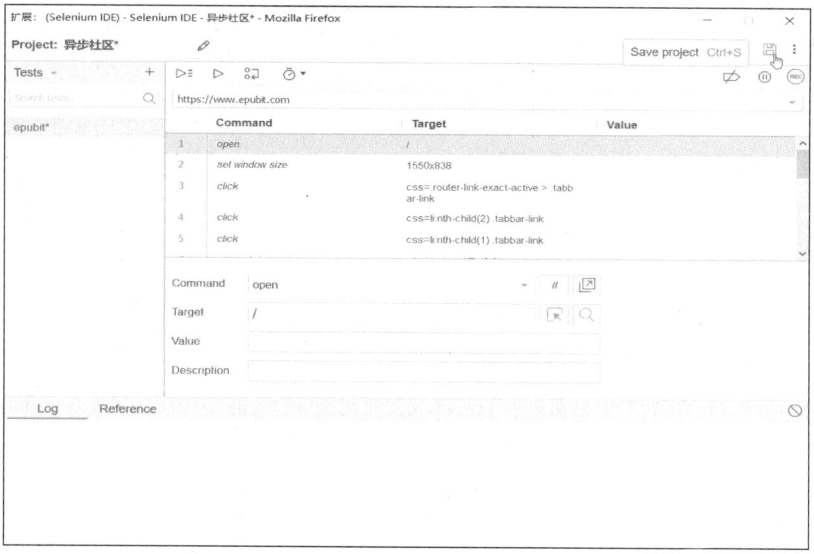

图 3-9 保存项目

至此，我们完成了基于异步社区查找业务的相关操作，可以单击 Run current test（回放）按钮来回放脚本，如图 3-10 所示。

第 3 章　Selenium IDE 插件的安装与使用

图 3-10　Run current test 回放按钮

在回放过程中，你将发现 Selenium IDE 会自动打开一个新的 Firefox 浏览器窗口，并严格执行当初录制的相关业务操作，同时 Selenium IDE 下方的 Log 选项卡将显示每个步骤及其执行后的状态和时间信息，如图 3-11 所示。

图 3-11　脚本回放的相关信息

当然，如果录制了很多测试用例，还可以单击 Run current test 按钮前面那个带 3 条横线的批量运行按钮（图 3-12 中编号为 1 的工具条按钮）来批量执行测试用例。若我们不希望脚本从头开始执行，而希望从某一步开始继续执行（特别是在调试脚本时），可以单击 Run current test 按钮后面的那个包含两个圆圈和一个向下箭头的按钮（图 3-12 中编号为 2 的工具条按钮）。如果对脚本的执行速度不满意，可以单击闹钟图标（图 3-12 中编号为 3 的工具条按钮），调整执行速度。

如果需要对已生成的脚本内容进行完善，那么可以对脚本进行二次修改或调试。单击脚本区域中 3 个竖排的小圆点，就会弹出一个快捷菜单，如图 3-13 所示。可以使用这个快捷菜单，对生成的脚本执行剪切、复制、粘贴、删除操作，还可以插入新的命令或者清除所有命令（也就是清空脚本），甚至可以加入断点、从指定的脚本行回放、回放到指定脚本行、从指定的行开始录制。

图 3-12　工具条按钮

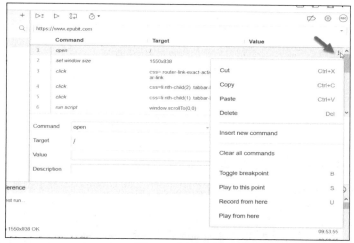

图 3-13　快捷菜单

一行命令由 Command、Target 和 Value 三部分构成，如图 3-14 所示。

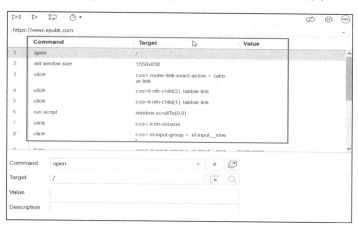

图 3-14　命令信息

- Command（命令）：Selenium IDE 提供的相关命令。
- Target（目标）：Selenium IDE 要操作的对象。
- Value（值）：针对要操作的对象进行赋值。

可以选中一条命令，对它进行编辑，如图 3-15 所示。

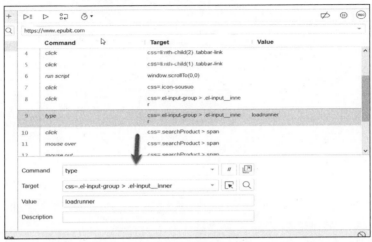

图 3-15　编辑命令

结合 Selenium IDE 录制产生的脚本，可以看到 Command 列包含 open、click、type、mouse over、mouse out 和 run script 等关键词。它们代表什么呢？为方便读者理解，这里对 Selenium IDE 的命令关键词进行了整理，供大家参考，参见表 3-1。

表 3-1　Selenium IDE 的命令关键词

命令关键词	简要说明
add selection	用来增加选项
answer on next prompt	通知 Selenium 返回下一个提示，提示信息为提示符指定的答案字符串
assert	断言，检查变量是否为预期值。如果断言失败，测试将停止
assert alert	断言，确认提示信息中包含指定的文本。如果断言失败，测试将停止
assert checked	断言，确认指定的元素已被选中。如果断言失败，测试将停止
assert confirmation	断言，确认出现指定的文本信息。如果断言失败，测试将停止
assert editable	断言，确认目标元素是可编辑的。如果断言失败，测试将停止
assert element present	断言，确认目标元素存在于页面上的某处。如果断言失败，测试将停止
assert element not present	断言，确认目标元素不在页面上的任何地方。如果断言失败，测试将停止
assert not checked	断言，确认目标元素没被选中。如果断言失败，测试将停止
assert not editable	断言，确认目标元素不可编辑。如果断言失败，测试将停止

续表

命令关键词	简要说明
assert not selected value	断言,确认下拉元素中所选选项的 value 属性不包含提供的值。如果断言失败,测试将停止
assert not text	断言,确认元素的文本不包含指定的值。如果断言失败,测试将停止
assert prompt	断言,确认已呈现 JavaScript 提示。如果断言失败,测试将停止
assert selected value	断言,确认下拉元素中所选选项的 value 属性包含指定的值。如果断言失败,测试将停止
assert selected label	断言,确认下拉菜单中所选选项的标签包含指定的值。如果断言失败,测试将停止
assert text	断言,确认元素的文本包含指定的值。如果断言失败,测试将停止
assert title	断言,确认当前页面的标题包含提供的文本。如果断言失败,测试将停止
assert value	断言,确认输入字段的(空白修饰)值(或其他带有 value 参数的值)。对于复选框/单选按钮元素,根据是否选中元素,元素值为 on 或 off。如果断言失败,测试将停止
check	针对单选框或复选框,切换选择
choose cancel on next confirmation	通知 Selenium 返回下一个提示时返回取消信息
choose cancel on next prompt	通知 Selenium 返回下一个提示时执行取消操作
choose ok on next confirmation	通知 Selenium 返回下一个提示时执行确认操作
click	单击目标元素
click at	根据坐标单击目标元素。这里的坐标主要相对于目标元素而言,例如,(0,0)表示元素的左上角
close	关闭当前窗口
debugger	中断执行并进入调试器
do	创建一个至少执行一次命令的循环
double click	双击目标元素
double click at	根据坐标双击目标元素。这里的坐标主要相对于目标元素而言,例如,(0,0)表示元素的左上角
drag and drop to object	拖动一个元素并将其拖放到另一个元素上
echo	将指定的消息显示到 Selenese 表中的第三个单元格中,这对于调试很有用
edit content	设置内容可编辑的元素的值,就像键入的一样
else	if 块的一部分。如果不满足 if 和/或 else if 条件,请在此分支执行命令
else if	if 块的一部分。如果不满足 if 条件,请在此分支执行命令
end	终止控制流块,if、while 等语句的结束标志
execute script	在当前选定的框架或窗口的上下文中执行一段 JavaScript 代码

续表

命令关键词	简要说明
execute async script	在当前选定的框架或窗口的上下文中执行 JavaScript 的异步代码段
for each	创建一个循环，为给定集合中的每一项执行相关块内的命令
if	if 语句，当满足条件时执行控制流块内容
mouse down	模拟用户按下鼠标左键（尚未释放鼠标左键）
mouse down at	模拟用户在指定位置按下鼠标左键（尚未释放鼠标左键）
mouse move at	模拟用户在指定元素上按下鼠标左键（尚未释放鼠标左键）
mouse out	模拟用户将鼠标指针从指定元素上移开
mouse over	模拟用户将鼠标指针悬停在指定元素上
mouse up	模拟用户释放鼠标左键时发生的事件
mouse up at	模拟当用户在指定位置释放鼠标左键时发生的事件
open	打开指定的 URL，然后等待页面加载，同时接收相对 URL 和绝对 URL
pause	等待指定的时间，以毫秒为单位
remove selection	从多选元素中删除选中的元素
repeat if	如果提供的条件表达式的结果为 true，开始 do 循环；否则，结束 do 循环
run	从当前项目运行测试用例
run script	在当前测试窗口的主体中创建一个新的 script 标签，并将指定的文本添加到命令主体中
select	从下拉菜单中选择一个元素
select frame	在当前窗口中选择一个框架
select window	选择窗口，在选择指定的窗口后，所有命令都将转到该窗口
send keys	模拟指定元素上的按键事件，就像逐个键入一样
set speed	设置操作步骤间的执行速度，以毫秒为单位
set window size	设置浏览器的窗口大小
store	将目标字符串另存为变量，便于复用
store attribute	获取元素属性的值
store text	获取元素的文本并存储以备后用
store title	获取当前页面的标题
store value	获取元素的值并存储以备后用
store window handle	获取当前页面的句柄
store XPath count	获取与指定 XPath 匹配的节点数
submit	提交指定的表单内容

续表

命令关键词	简要说明
times	创建一个指定循环次数的循环
type	设置要操作的目标元素的值，就像在其中键入一样。也可以用于设置组合框、复选框的值。在这些情况下，value 应该是所选选项的值而不是可见的文本
uncheck	取消选中切换按钮（复选框/单选按钮）
verify	软断言变量是期望值。可将变量的值转换为字符串，然后再进行比较，即使验证失败，测试也将继续
verify checked	软断言确认指定的元素已被选中。即使验证失败，测试也将继续
verify editable	软断言确认指定的输入元素是否可编辑。即使验证失败，测试也将继续
verify element present	软断言确认指定的元素在页面上的某处。即使验证失败，测试也将继续
verify element not present	软断言确认指定的元素不在页面上。即使验证失败，测试也将继续
verify not checked	软断言确认指定的元素未被选中。即使验证失败，测试也将继续
verify not editable	软断言确认指定的元素不可编辑。即使验证失败，测试也将继续
verify not selected value	软断言确认指定的元素尚未选择。即使验证失败，测试也将继续
verify not text	软断言元素的文本不存在。即使验证失败，测试也将继续
verify selected label	对指定元素中的选定选项进行软断言。即使验证失败，测试也将继续
verify selected value	软断言确认指定的元素已被选择。即使验证失败，测试也将继续
verify text	软断言存在元素的文本。即使验证失败，测试也将继续
verify title	软断言当前页面的标题包含指定的文本。即使验证失败，测试也将继续
verify value	软断言输入字段的（空白修饰）值（或其他任何带有 value 参数的字段）。对于复选框/单选按钮元素，根据是否选中元素，元素值为 on 或 off。即使验证失败，测试也将继续
wait for element editable	等待元素可编辑
wait for element not editable	等待元素不可编辑
wait for element not present	等待目标元素不在页面上
wait for element not visible	等待目标元素在页面上不可见
wait for element present	等待目标元素出现在页面上
wait for element visible	等待目标元素在页面上可见
while	while 循环，只要指定的条件表达式为真，就循环执行控制流块的相关命令

Selenium IDE 具有语法检查功能，例如，如果添加一个没有条件和结束语句的 while 循环，这个 while 循环将显示为红色，并在日志中给出相应的错误消息，如图 3-16 所示（箭头指向的内容实际显示为红色，彩色效果参见文前彩插）。

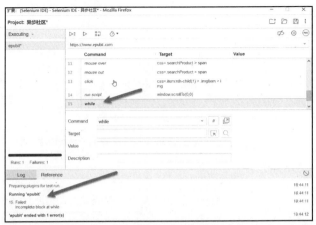

图 3-16 语法检查异常出现的相关信息

3.3 Selenium IDE 的脚本保存与 Python 脚本转换

Selenium IDE 的测试用例都将保存为以.side 为后缀的文件，如 epubit.side。现在让我们打开该文件看一下。大家不难发现，其实它就是一个 JSON 格式的文件，如图 3-17 所示。

```
{
  "id": "d91faa67-fb91-4142-8268-0738316954da",
  "version": "2.0",
  "name": "epubit",
  "url": "https://www.epubit.com",
  "tests": [{
    "id": "34427123-285c-4923-b15b-826b3aaee4bd",
    "name": "epubit",
    "commands": [{
      "id": "94d294ba-7942-4c17-b68a-a742cb534e65",
      "comment": "",
      "command": "open",
      "target": "/",
      "targets": [],
      "value": ""
    }, {
      "id": "56604826-9713-41ad-a49c-8b86fa8d42eb",
      "comment": "",
      "command": "setWindowSize",
      "target": "1550x838",
      "targets": [],
      "value": ""
    }, {
      "id": "acea0b81-1bed-42da-8b26-a0dc19919791",
      "comment": "",
      "command": "click",
      "target": "css=.icon-sousuo",
      "targets": [
        ["css=.icon-sousuo", "css:finder"],
        ["xpath=//div[@id='entry']/div/nav/div[2]/div[4]/i", "xpath:idRelative"],
        ["xpath=//div[4]/i", "xpath:position"]
      ],
      "value": ""
    }, {
      "id": "34c4b760-8f31-4f2d-b5c4-0f65eb4ef064",
```


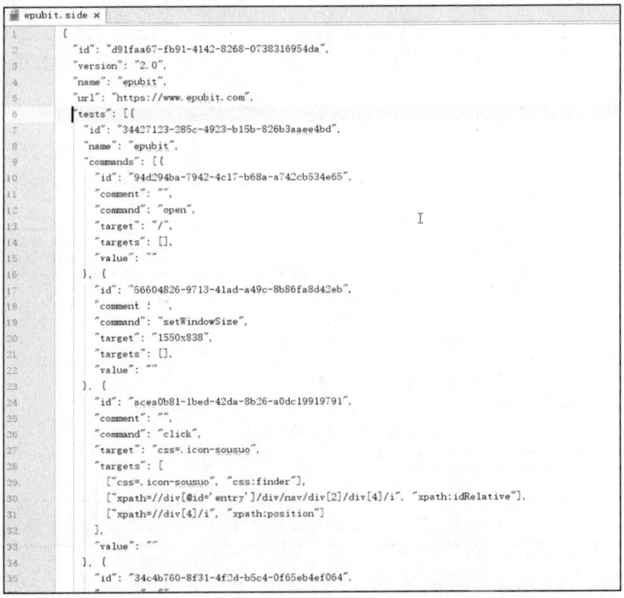

图 3-17 epubit.side 文件的内容

同时，如果需要，还可以将这个文件导出成其他格式的脚本文件，选中对应的测试用例文件，单击后面竖排的 3 个小圆点，在弹出的快捷菜单中选择 Export 菜单项，如图 3-18 所示。

3.3 Selenium IDE 的脚本保存与 Python 脚本转换

图 3-18 选择 Export 菜单项

在弹出的语言选择对话框中，可以选择导出指定语言的脚本，如图 3-19 所示。

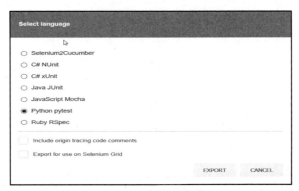

图 3-19 语言选择对话框

这里，我们选择导出为 Python pytest 类型的脚本文件，并命名为 test_epubit.py，如图 3-20 所示。

图 3-20 导出为 Python 脚本文件

导出后的 test_epubit.py 文件如图 3-21 所示。

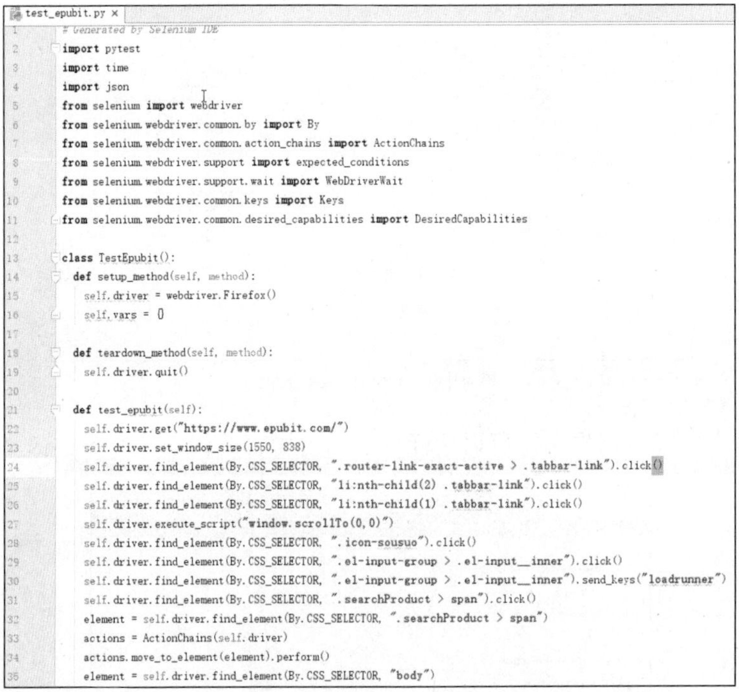

图 3-21 test_epubit.py 文件的内容

test_epubit.py 文件的内容如下所示。

```
import pytest
import time
import json
from selenium import webdriver
from selenium.webdriver.common.by import By
from selenium.webdriver.common.action_chains import ActionChains
from selenium.webdriver.support import expected_conditions
from selenium.webdriver.support.wait import WebDriverWait
from selenium.webdriver.common.keys import Keys
from selenium.webdriver.common.desired_capabilities import DesiredCapabilities

class TestEpubit():
  def setup_method(self, method):
    self.driver = webdriver.Firefox()
    self.vars = {}
  
  def teardown_method(self, method):
    self.driver.quit()
```

```python
def test_epubit(self):
    self.driver.get("https://www.epubit.com/")
    self.driver.set_window_size(1550, 838)
    self.driver.find_element(By.CSS_SELECTOR,
                    ".router-link-exact-active > .tabbar-link").click()
    self.driver.find_element(By.CSS_SELECTOR, "li:nth-child(2) .tabbar-link").click()
    self.driver.find_element(By.CSS_SELECTOR, "li:nth-child(1) .tabbar-link").click()
    self.driver.execute_script("window.scrollTo(0,0)")
    self.driver.find_element(By.CSS_SELECTOR, ".icon-sousuo").click()
    self.driver.find_element(By.CSS_SELECTOR,
                    ".el-input-group > .el-input__inner"). click()
    self.driver.find_element(By.CSS_SELECTOR,
                    ".el-input-group > .el-input__inner").send_keys ("loadrunner")
    self.driver.find_element(By.CSS_SELECTOR, ".searchProduct > span").click()
    element = self.driver.find_element(By.CSS_SELECTOR, ".searchProduct > span")
    actions = ActionChains(self.driver)
    actions.move_to_element(element).perform()
    element = self.driver.find_element(By.CSS_SELECTOR, "body")
    actions = ActionChains(self.driver)
    actions.move_to_element(element, 0, 0).perform()
    self.driver.find_element(By.CSS_SELECTOR, ".item:nth-child(1) > .imgItem > img").click()
    self.driver.execute_script("window.scrollTo(0,0)")
```

从以上脚本中可以看到引入的 pytest 模块,要运行这个脚本,就必须安装 pytest 模块。pytest 模块的安装命令如图 3-22 所示。

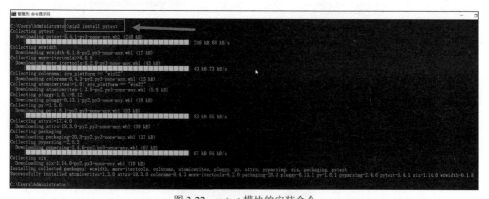

图 3-22 pytest 模块的安装命令

在核心的 test_epubit 方法中,可以看到这里主要使用了 CSS 元素定位法,并且执行了一些单击、滚动和输入操作,即便现在看不懂,也没有关系。后续章节将详细介绍这些元素定位和操作方法。

3.4 Selenium 命令行运行器

持续集成、持续构建已经越来越多地被运用到互联网企业，命令行的支持对于持续集成来讲是非常有意义的。Selenium 命令行运行器（Command-Line Runner）就是一个可以在命令行执行的小工具。

有了 Selenium 命令行运行器，不需要写任何代码，就能够做到在任何浏览器中运行 Selenium IDE 的所有测试用例，并且既可以并发执行，也可以配合 Selenium Grid 使用。

现在就让我们来看一下，如何利用 Selenium 命令行运行器驱动我们前面完成的异步社区搜索项目脚本（epubit.side 文件）。

首先，需要安装 Node.js。可以到 Node.js 官网下载最新版本并安装，下载时注意一定要和自身操作系统的版本匹配，如图 3-23 所示。

图 3-23　Node.js 下载页面信息

下载对应的版本后，安装 Node.js，由于安装过程非常简单，这里不再赘述。安装完成后，程序组中将出现图 3-24 所示的信息。

图 3-24　程序组中的 Node.js 相关信息

3.4 Selenium 命令行运行器

为了验证 Node.js 是否正确安装，可以输入 node -v 来查看 Node.js 的版本信息，如图 3-25 所示。若显示版本信息，则表示已安装成功。

图 3-25　Node.js 版本信息

接下来，为了更加便捷、快速地对相关包进行管理，需要安装 cnpm。输入如下命令，如图 3-26 所示。

图 3-26　安装 cnpm

而后，使用 cnpm 安装 Selenium 命令行运行器，如图 3-27 所示。

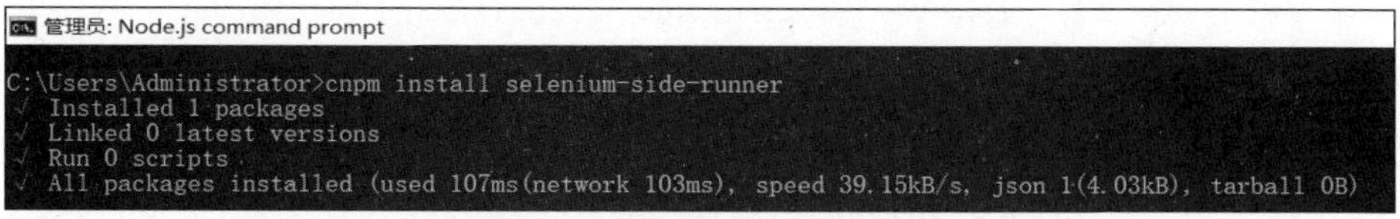

图 3-27　安装 Selenium 命令行运行器

另外，还需要下载浏览器驱动程序，这里我们使用 Firefox 浏览器驱动程序，对应的 cnpm 命令如图 3-28 所示。当然，可以依据需要自行下载其他浏览器驱动程序。

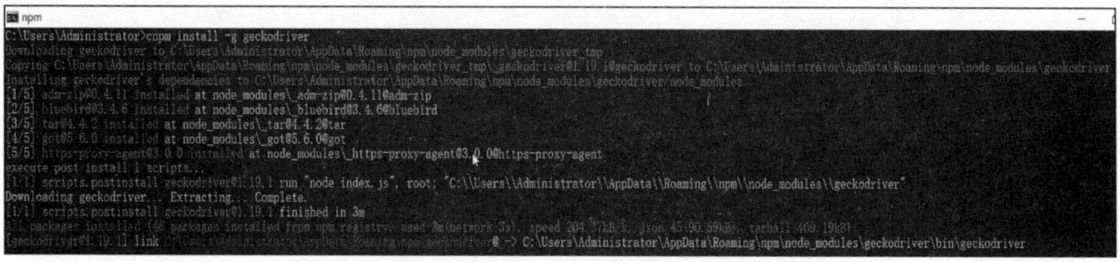

图 3-28　下载 Firefox 浏览器驱动程序

可以输入 selenium-side-runner 来查看帮助信息，如图 3-29 所示。

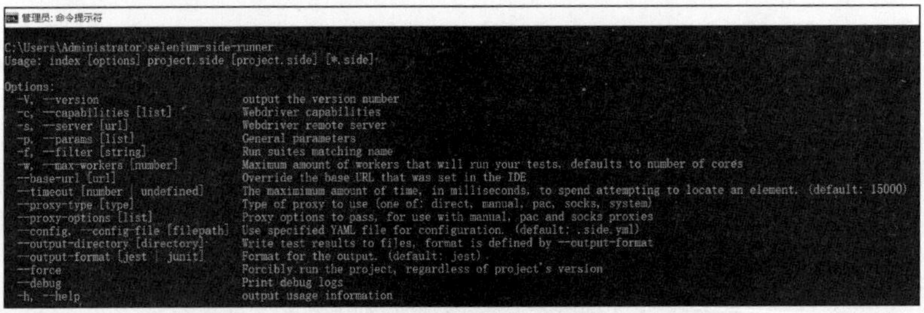

图 3-29　查看帮助信息

如图 3-30 所示，可以通过使用 selenium-side-runner 命令的-c 参数来指定使用 Firefox 浏览器驱动程序，而后指定脚本的存放路径以执行脚本。接下来，就可以通过 Firefox 浏览器驱动程序来调用并完成脚本的回放。

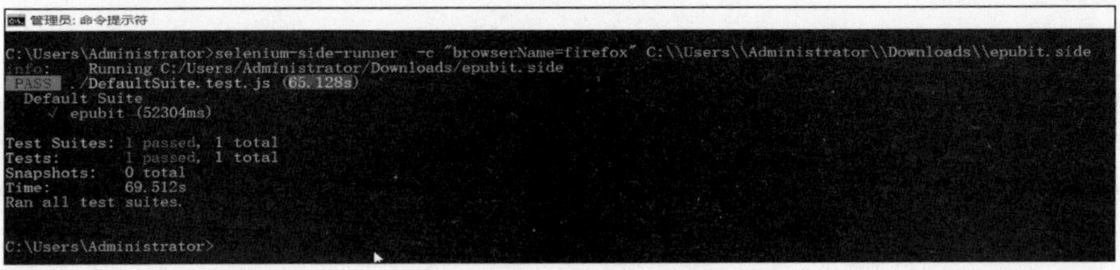

图 3-30　调用 epubit.side 脚本

如果存在多个 side 文件，那么可以通过指定 side 文件的存放路径来批量执行，例如 selenium-side-runner -c "browserName=firefox" c:\\testcases*.side，这样就可以批量执行 c:\testcases 目录下的所有测试用例了。当然，依据需要将已经完成的测试用例按不同的功能模块分别放到不同的目录中，或者针对不同测试用例的优先级别分别放到不同的目录中，就可以选择性地执行自己想要执行的测试用例集了。

当然，selenium-side-runner 命令还提供了很多其他参数，如果需要进一步了解，可以查看帮助信息，这里不再赘述。

第 4 章　Selenium 的配置与第一个可运行的脚本

4.1　Selenium 的配置

前面已经介绍过 Selenium，它可以模拟我们日常使用 Web 应用系统的相关操作。下面就让我们一起来完成一个可以运行的 Selenium 脚本。就像很多编程语言一样，我们把它作为系统学习 Selenium 的开始。为了能够成功完成第一个脚本的正常运行，必须先结合已安装的浏览器下载对应的浏览器驱动程序，这在 Selenium 项目中也提到过。在说明信息中有 Before Building（见图 4-1），要求确认已安装 Chrome 浏览器、Chrome 浏览器驱动程序，并且 Chrome 浏览器的版本要匹配，还要将 Chrome 浏览器驱动程序放入 PATH 环境变量。

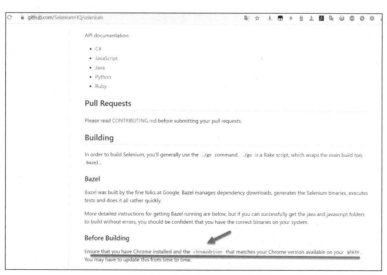

图 4-1　构建前的说明信息

在 GitHub 上搜索 Selenium 进入相关页面，单击 ChromeDriver 链接，就可以访问 Chrome 浏览器驱动程序下载页面，如图 4-2 所示。

图 4-2　Chrome 浏览器驱动程序下载页面信息

根据已安装的 Chrome 浏览器版本，如图 4-3 所示（可通过选择"帮助"→"关于 Google Chrome(G)"菜单项来查看浏览器版本），选择下载哪个版本的 Chrome 浏览器驱动程序。

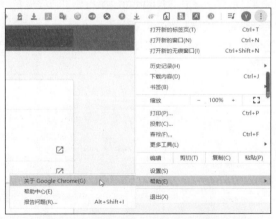

图 4-3　选择下载哪个版本的 Chrome 浏览器驱动程序

这里使用的 Chrome 浏览器版本是 80.0，所以单击 ChromeDriver 80.0.3987.106 链接。在文件列表中选择下载 chromedriver_win32.zip 压缩文件，如图 4-4 所示。

文件下载完毕后，打开 chromedriver_win32.zip 压缩文件，就会发现压缩文件内部只有一个名为 chromedriver.exe 的 Chrome 浏览器驱动程序，将其解压到 Python 3.8 可执行文件所在目录，如图 4-5 所示。

图 4-4　不同操作系统对应的 Chrome 浏览器驱动程序

图 4-5　Chrome 浏览器驱动程序及存放路径

大部分浏览器厂商（如 Firefox、Edge、Chrome、Opera、Safari 等）提供了对 Selenium 的支持。可以根据自身的实际情况选择下载对应的浏览器驱动程序，这里不再赘述。

当然，为了方便管理这些浏览器驱动程序，还可以将它们集中放到一个专属文件夹中，然后再将这个专属文件夹的路径添加到 PATH 环境变量中。

4.2　第一个可运行的脚本

启动 PyCharm，新建一个名为 SeleniumTest 的项目，并新建一个名为 testscript.py 的 Python 脚本文件，如图 4-6 所示。

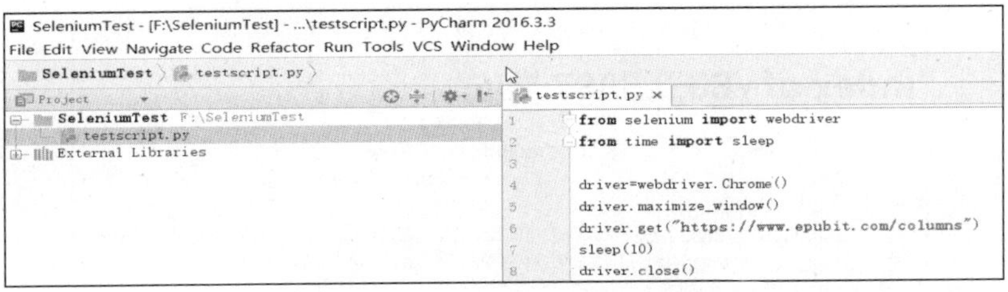

第 4 章 Selenium 的配置与第一个可运行的脚本

![PyCharm 界面截图]

图 4-6 SeleniumTest 项目的相关内容

可以看到 Python 脚本文件 testscript.py 中共包含 7 行代码（去除空行）。这些代码代表什么含义呢？

```
from selenium import webdriver                              #导入 webdriver 模块
from time import sleep                                      #导入 sleep 函数

driver=webdriver.Chrome()                                   #加载 Chrome 浏览器驱动程序
driver.maximize_window()                                    #最大化浏览器窗口
driver.get("https://www.epubit.com/columns")                #打开异步社区专栏页面
sleep(10)                                                   #等待 10 秒
driver.close()                                              #关闭浏览器
```

运行脚本，将自动调用 Chrome 浏览器，并打开异步社区专栏页面，如图 4-7 所示。与正常启动的 Chrome 浏览器稍有不同，可以在地址栏的下方看到提示信息"Chrome 正受到自动测试软件的控制"，这表示 Chrome 浏览器是由 Selenium 脚本启动的，非正常人工操作。

图 4-7 异步社区专栏页面相关信息

至此，我们一起完成了第一个 Selenium 脚本并成功运行，是不是感到很神奇？通过几行代码就能够启动浏览器，并访问指定的页面。

第 5 章 Selenium 中的元素定位方法与案例演示

5.1 Selenium 中的元素定位方法概述

事实上，Selenium 基本可以模拟我们日常操作的各种行为，如 Web 页面上的单击、双击、滑动、拖曳等操作，而这些操作都针对特定的页面元素。如果对 HTML 语言比较了解，一定很清楚，网页其实就是 HTML 文件，由各种元素（如按钮、标签、文本框、表单、表格、图片、链接等）构成。这里以 Web Tours 网站为例，让大家看一下 Web Tours 网站的首页上左侧框架（Frame）对应的源代码信息，右击，在弹出的快捷菜单中选择"查看框架的源代码(V)"菜单项，如图 5-1 所示。在对应的 HTML 源代码文件中，可以看到诸如 html、body、td、tr、table、input、form 的 HTML 标签。如果希望全面掌握 Selenium，熟悉 HTML 语言是必备技能。所以，如果对 HTML 还不了解，请务必抽时间先学习，而后再开启 Selenium 学习之路。

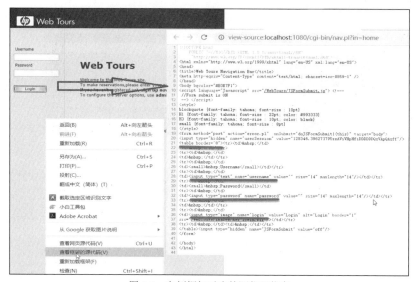

图 5-1 左侧框架对应的源代码信息

Selenium 一共提供了 8 种元素定位方法。
- 根据 id 属性定位元素的方法。
- 根据 name 属性定位元素的方法。
- 根据 class 属性定位元素的方法。
- 根据标签（tag）定位元素的方法。
- 根据链接文本定位元素的方法。
- 根据部分链接文本定位元素的方法。
- 根据 XPath 定位元素的方法。
- 根据 CSS 定位元素的方法。

5.2 根据 id 属性定位元素

接下来，仍然以 Web Tours 网站为例，介绍这 8 种元素定位方法的应用。

可以使用 find_element_by_id()、find_elements_by_id()、find_element()或 find_elements()方法来定位一个或多个 Web 页面元素。

其中，find_element_by_id()和 find_element()方法可以根据元素的 id 属性来定位单个元素，而 find_elements_by_id()和 find_elements()方法可以根据元素的 id 属性来定位多个元素（页面上具有相同 id 的元素有多个）。

为便于读者了解这几个方法的应用，这里以访问 https://cn.bing.com 为例，如图 5-2 所示。

图 5-2　微软的 Bing 搜索页面

为了便于查看页面元素的相关信息，这里推荐使用 Firefox 浏览器的 Web 开发者工具。当然，也可以使用 Chrome 等浏览器自带的开发者工具，它们的功能类似。

如图 5-3 所示，单击 Firefox 浏览器的"打开菜单"工具条按钮，在弹出的快捷菜单中选择"Web 开发者"菜单项。

5.2 根据 id 属性定位元素

图 5-3 选择 "Web 开发者" 菜单项

如图 5-4 所示,在弹出的二级菜单中选择 "查看器" 菜单项。

图 5-4 选择 "查看器" 菜单项

5.2.1 find_element_by_id()方法

假设我们要查看与 Bing 搜索页面的"搜索网页"按钮元素对应的 id,可以将鼠标指针移到"搜索网页"按钮的位置,就会发现这个位置自动以紫色背景突出显示,同时下方的"查看器"选项卡以淡蓝色显示了这个按钮元素的相关信息,如图 5-5 所示(彩色效果参见文前彩插)。

39

第 5 章　Selenium 中的元素定位方法与案例演示

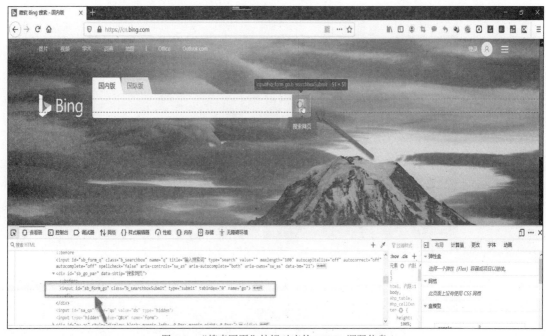

图 5-5　"搜索网页"按钮对应的 HTML 源码信息

从图 5-5 可以看出"搜索网页"按钮对应的 id 为 sb_form_go。使用同样的操作方法，还可以将鼠标指针移到前方的"输入搜索词"输入框，看看它的 id 是什么。是不是很快就找到了？对应的 id 是 sb_form_q，如图 5-6 所示。

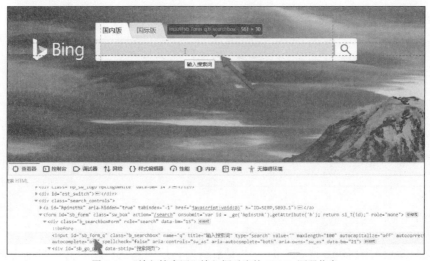

图 5-6　"输入搜索词"输入框对应的 HTML 源码信息

找到了这两个元素对应的 id 以后，就可以操作这些元素了。这里假设我们要搜索"异步

5.2 根据 id 属性定位元素

社区"关键词，下面使用 find_element_by_id()方法来实现，对应的完整可运行脚本如下所示。

```
from selenium import webdriver
from time import sleep

driver=webdriver.Chrome()                              #加载 Chrome 浏览器驱动程序
driver.maximize_window()                               #最大化浏览器窗口
driver.get("https://cn.bing.com/")                     #打开 Bing 搜索页面
#根据 id 定位到"输入搜索词"输入框并输入"异步社区"
driver.find_element_by_id('sb_form_q').send_keys('异步社区')
#根据 id 定位并单击搜索按钮
driver.find_element_by_id('sb_form_go').click()
sleep(10)                                              #等待 10s
driver.close()                                         #关闭浏览器
```

从上面的脚本可以看出，加粗显示的两条语句使用 find_element_by_id()方法实现了元素的定位，后面的 send_keys()和 click()为操作方法，它们分别用于发送和单击字符串。通常情况下，在定位到元素后，这些方法都会显示出来，如图 5-7 所示。我们需要结合每个页面元素的类型以及支持的事件来准确选择操作方法，例如，对于按钮类型的元素，我们通常选择单击或双击，而不会选择发送字符串。发送字符串通常适用于输入框。对这些方法的准确应用有一个学习过程，需要持续积累，也可以有针对性地看一些这方面的资料，以加速这个学习过程。

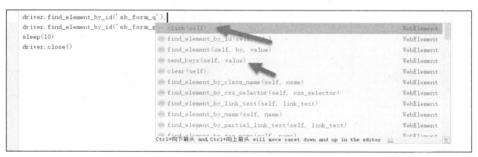

图 5-7　元素方法相关信息

5.2.2　find_elements_by_id()方法

如果通过使用 find_elements_by_id()方法来定位页面元素，将返回一个 list 类型的列表，页面上使用相同 id 的所有元素都将被搜索出来并放到这个列表中。这里仍以上面的需求为例，使用 find_elements_by_id()方法，对应的脚本如下。

```
from selenium import webdriver
from time import sleep

driver=webdriver.Chrome()
driver.maximize_window()
driver.get("https://cn.bing.com/")
```

```
eles=driver.find_elements_by_id('sb_form_q')
print(type(eles))
print(len(eles))
if len(eles)==1:
    eles[0].send_keys('异步社区')
else:
    print('ID同名元素很多，Selenium也不知道用哪个')
driver.find_element_by_id('sb_form_go').click()
sleep(10)
driver.close()
```

请仔细看一下加粗显示的代码，这里先通过 find_elements_by_id('sb_form_q')方法定位到所有 id 为 sb_form_q 的元素，存放到 eles 变量中。而后，先输出 eles 变量的类型，再输出 eles 变量的长度信息。如图 5-8 所示，从执行结果可以看出 eles 变量的类型为 list，长度为 1。为防止因元素不唯一而产生执行异常，这里添加了条件判断。如果 eles 变量的长度为 1，获取列表中的第一个元素，发送"异步社区"字符串；否则，控制台输出"ID 同名元素很多，Selenium 也不知道用哪个"。

图 5-8　脚本执行信息

当然，结合本例来讲，由于 id 为 sb_form_q 的元素只有一个，因此脚本显得比较冗长。事实上，我们在工作中经常会碰到一个页面上有多个元素使用相同 id 的情况。此时 find_elements_by_id()方法就会体现出其强大用途，随心所欲地控制返回列表中的每一个元素。这里希望读者能够举一反三，在实际工作中灵活运用。

5.2.3　find_element()方法

在使用 find_element()方法根据 id 定位元素时，必须加上代码 from selenium.webdriver.common.by import By，而后在使用 find_element()方法时，指定按 id 定位查找元素，脚本如下。

```
from selenium import webdriver
from time import sleep
from selenium.webdriver.common.by import By

driver=webdriver.Chrome()
driver.maximize_window()
driver.get("https://cn.bing.com/")
driver.find_element(By.ID,'sb_form_q').send_keys('异步社区')      #按id定位查找元素
driver.find_element_by_id('sb_form_go').click()
sleep(10)
driver.close()
```

5.2.4　find_elements()方法

find_elements()方法和 find_element()方法一样，在定位元素时，必须加上代码 from selenium.webdriver.common.by import By，而后在使用 find_elements()方法时，指定按 id 定位查找元素。find_elements()方法还和 find_elements_by_id()方法类似，也返回一个 list 类型的列表，页面上使用相同 id 的所有元素将都被搜索出来并放到这个列表中。

在使用时，需要注意被操作元素的唯一性，示例代码如下。

```
from selenium import webdriver
from time import sleep
from selenium.webdriver.common.by import By

driver=webdriver.Chrome()
driver.maximize_window()
driver.get("https://cn.bing.com/")
eles=driver.find_elements(By.ID,'sb_form_q')
print(type(eles))
print(len(eles))
if len(eles)==1:
    eles[0].send_keys('异步社区')
else:
    print('ID同名元素很多,Selenium也不知道用哪个')
driver.find_element_by_id('sb_form_go').click()
sleep(10)
driver.close()
```

5.3 根据 name 属性定位元素

页面上的元素通常具有多个属性，比如 Bing 搜索页面上的"输入搜索词"页面元素对应的 HTML 源代码为<input class="b_searchbox" id="sb_form_q" name="q" title="输入搜索词" type="search" value="" maxlength="100" autocapitalize="off" autocorrect="off" autocomplete="off" spellcheck="false" aria-controls= "sw_as" aria-autocomplete="both" aria-owns="sw_as">。可以看到，除 id 属性以外，还有 name、class 等其他属性，那么是否可以通过其他属性来定位元素呢？当然可以。

可以使用 find_element_by_name()、find_elements_by_name()、find_element()或 find_elements()方法来定位一个或多个 Web 页面元素。

其中，find_element_by_name()和 find_element()方法可以根据元素的名称来定位单个元素，而 find_elements_by_name()和 find_elements()方法可以根据元素的名称来定位多个元素（页面上具有相同名称的元素有多个）。

1. find_element_by_name()方法

查看与 Bing 搜索页面的"搜索网页"按钮元素对应的 name 属性，如图 5-9 所示，属性值为 go。

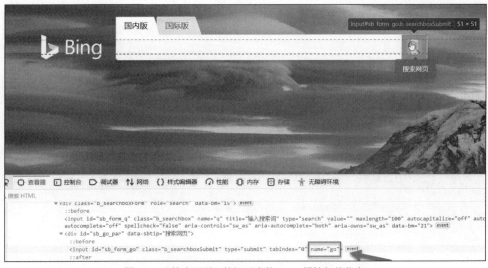

图 5-9 "搜索网页"按钮元素的 name 属性相关信息

5.3 根据 name 属性定位元素

查看与 Bing 搜索页面的"输入搜索词"输入框元素对应的 name 属性，如图 5-10 所示，name 属性值为 q。

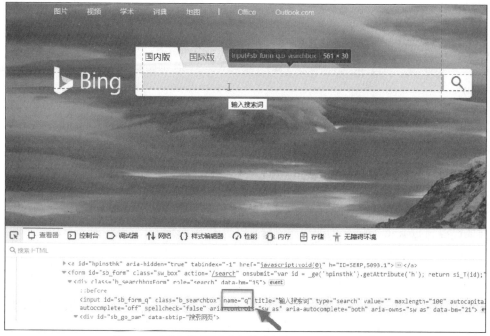

图 5-10 "输入搜索词"输入框元素的 name 属性相关信息

这里仍然以在 Bing 搜索页面上搜索"异步社区"关键词为例，展示 find_element_by_name() 方法的应用，代码如下所示。

```
from selenium import webdriver
from time import sleep

driver=webdriver.Chrome()
driver.maximize_window()
driver.get("https://cn.bing.com/")
#根据 name 属性定位到"输入搜索词"输入框并输入"异步社区"
driver.find_element_by_name('q').send_keys('异步社区')
#根据 name 属性定位并单击"搜索网页"按钮
driver.find_element_by_name('go').click()
sleep(10)
driver.close()
```

2. find_elements_by_name()方法

find_elements_by_name()的使用方法与 find_elements_by_id()的使用方法类似，所以不再赘述，仅给出示例代码，供大家参考。

```python
from selenium import webdriver
from time import sleep

driver=webdriver.Chrome()
driver.maximize_window()
driver.get("https://cn.bing.com/")
driver.find_elements_by_name('q')[0].send_keys('异步社区')
driver.find_elements_by_name('go')[0].click()
sleep(10)
driver.close()
```

因为已知"输入搜索词"输入框和"搜索网页"按钮的 name 属性都是唯一的,而 find_elements_by_name()方法的返回值是一个列表,所以可以直接选取返回值的第一个元素,而后执行相关操作。

3. find_element()方法

前面已经讲过 find_element()的使用方法,这里不再赘述,只给出应用 name 属性定位元素的示例代码,供大家参考。

```python
from selenium import webdriver
from time import sleep
from selenium.webdriver.common.by import By

driver=webdriver.Chrome()
driver.maximize_window()
driver.get("https://cn.bing.com/")
driver.find_element(By.NAME,'q').send_keys('异步社区')
driver.find_element(By.NAME,'go').click()
sleep(10)
driver.close()
```

4. find_elements()方法

前面已经讲过 find_elements()的使用方法,这里也不再赘述,只给出应用 name 属性定位元素的示例代码,供大家参考。

```python
from selenium import webdriver
from time import sleep
from selenium.webdriver.common.by import By

driver=webdriver.Chrome()
driver.maximize_window()
driver.get("https://cn.bing.com/")
driver.find_elements(By.NAME,'q')[0].send_keys('异步社区')
driver.find_elements(By.NAME,'go')[0].click()
sleep(10)
driver.close()
```

5.4 根据 class 属性定位元素

可以使用 find_element_by_class_name()、find_elements_by_class_name()、find_element()或 find_elements()方法来定位一个或多个 Web 页面元素。

其中，find_element_by_class_name()和 find_element()方法可以根据元素的 class 来定位单个元素，而 find_elements_by_class_name()和 find_elements()方法可以根据元素的 class 来定位多个元素（页面上拥有相同 class 的元素有多个）。

1. find_element_by_class_name()方法

查看 Bing 搜索页面的"搜索网页"按钮元素对应的 class 属性，如图 5-11 所示，属性值为 b_searchboxSubmit。

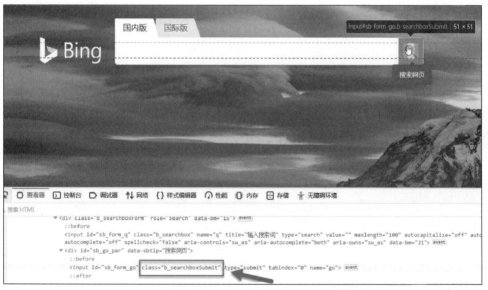

图 5-11　"搜索网页"按钮元素的 class 属性相关信息

查看与 Bing 搜索页面的"输入搜索词"输入框元素对应的 class 属性，如图 5-12 所示，属性值为 b_searchbox。

第 5 章 Selenium 中的元素定位方法与案例演示

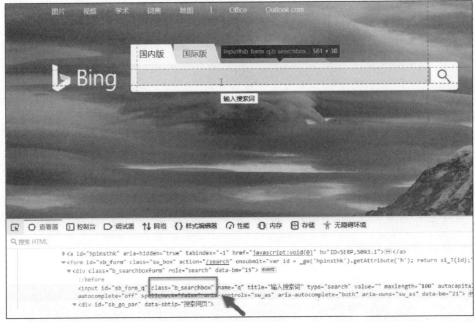

图 5-12 "输入搜索词"输入框元素的 class 属性相关信息

下面仍然以在 Bing 搜索页面上搜索"异步社区"关键词为例，展示 find_element_by_class_name()方法的应用，代码如下所示。

```
from selenium import webdriver
from time import sleep

driver=webdriver.Chrome()
driver.maximize_window()
driver.get("https://cn.bing.com/")
driver.find_element_by_class_name('b_searchbox').send_keys('异步社区')
driver.find_element_by_class_name('b_searchboxSubmit').click()
sleep(10)
driver.close()
```

2. find_elements_by_class_name()方法

find_elements_by_class_name()的使用方法和 find_elements_by_name()类似，所以不再赘述，仅给出示例代码，供大家参考。

```
from selenium import webdriver
from time import sleep

driver=webdriver.Chrome()
driver.maximize_window()
driver.get("https://cn.bing.com/")
driver.find_elements_by_class_name('b_searchbox')[0].send_keys('异步社区')
```

```
driver.find_elements_by_class_name('b_searchboxSubmit')[0].click()
sleep(10)
driver.close()
```

因为已知"输入搜索词"输入框和"搜索网页"按钮的 class 属性都是唯一的,而 find_elements_by_class_name()方法的返回值是一个列表,所以可以直接选取返回值的第一个元素,而后执行相关操作。

3. find_element()方法

前面已经讲过 find_element()的使用方法,这里不再赘述,只给出应用 class 属性定位元素的示例代码,供大家参考。

```
from selenium import webdriver
from time import sleep
from selenium.webdriver.common.by import By

driver=webdriver.Chrome()
driver.maximize_window()
driver.get("https://cn.bing.com/")
driver.find_element(By.CLASS_NAME,'b_searchbox').send_keys('异步社区')
driver.find_element(By.CLASS_NAME,'b_searchboxSubmit').click()
sleep(10)
driver.close()
```

4. find_elements()方法

前面已经讲过 find_elements()的使用方法,这里也不再赘述,只给出应用 class 属性定位元素的示例代码,供大家参考。

```
from selenium import webdriver
from time import sleep
from selenium.webdriver.common.by import By

driver=webdriver.Chrome()
driver.maximize_window()
driver.get("https://cn.bing.com/")
driver.find_elements(By.CLASS_NAME,'b_searchbox')[0].send_keys('异步社区')
driver.find_elements(By.CLASS_NAME,'b_searchboxSubmit')[0].click()
sleep(10)
driver.close()
```

5.5 根据标签定位元素

如果掌握了 HTML 基础知识的话,就会非常清楚 HTML 语言中使用了大量的标签,如 div、

a、form、input 等标签，如图 5-13 所示。

图 5-13 "输入搜索词"输入框元素的 HTML 源码相关信息

通常情况下，一个页面上可能有很多相同的标签。在图 5-13 中，就有 4 个 input 标签。如何才能保证它们的唯一性（从而能够从众多的标签中找到想要操作的那个）？操作起来有点难。在实际工作中，通过标签方式定位页面元素确实用得较少，而且在使用这种方法时，通常要配合其他属性一起使用，才能准确定位想要操作的元素。参考图 5-13 和图 5-14，我们知道它们分别对应"输入搜索词"和"搜索网页"页面元素的 HTML 源代码，并且都是 input 标签，但是它们的其他属性是不同的，如 type、id、class 属性等，所以必须借助这些属性才能区分它们到底是什么类型的元素，而后进行相应的操作。正常情况下，如果能使用 id 唯一区分不同的元素，就没必要做这些无意义的高难度操作了。

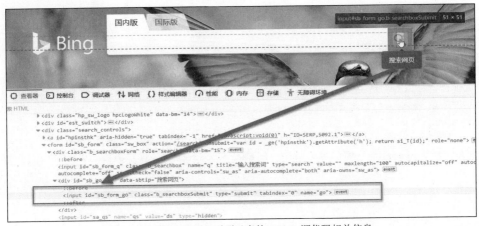

图 5-14 "搜索网页"页面元素的 HTML 源代码相关信息

可以使用 find_element_by_tag_name()、find_elements_by_tag_name()、find_element() 或 find_elements() 方法来定位一个或多个 Web 页面元素。

"输入搜索词"页面元素的 type 属性值为 search，而"搜索网页"页面元素的 type 属性值为 submit，另外两个页面元素的 type 属性值为 hidden（也就是不可见）。这样，我们是不是就可以先找 input 标签，再判断 type 属性值，若为 search，就判断出是"输入搜索词"输入框了呢？

1. find_element_by_tag_name()方法

这里仍然以在 Bing 搜索页面上搜索"异步社区"关键词为例，展示 find_element_by_tag_name()方法的应用，代码如下所示。

```
from selenium import webdriver
from time import sleep

driver=webdriver.Chrome()
driver.maximize_window()
driver.get("https://cn.bing.com/")
ele_input=driver.find_element_by_tag_name('input')#标签定位法
if ele_input.get_attribute('type')=='search':      #判断捕获的第一个元素的type属性值是否为
    ele_input.send_keys('异步社区')                 #search。如果是"输入搜索词"输入框，
                                                   #则输入"异步社区"
driver.find_element_by_name('go').click()
sleep(10)
driver.close()
```

2. find_elements_by_tag_name()方法

关于 find_elements_by_tag_name()方法的示例代码如下所示。

```
from selenium import webdriver
from time import sleep

driver=webdriver.Chrome()
driver.maximize_window()
driver.get("https://cn.bing.com/")
ele_inputs=driver.find_elements_by_tag_name('input')   #取得所有input标签
for ele_input in ele_inputs:                           #遍历input标签列表
    if ele_input.get_attribute('type')=='search':      #根据type属性找到"输入搜索词"页面元素
        kw=ele_input                                   #将找到的对象赋给kw
        continue                                       #结束本次循环
    if ele_input.get_attribute('type')=='submit':      #根据type属性找到"搜索网页"页面元素
        search=ele_input                               #将找到的对象赋给search
        continue                                       #结束本次循环
kw.send_keys('异步社区')                                #向"输入搜索词"输入框发送"异步社区"字符串
search.click()                                         #单击"搜索网页"按钮
sleep(10)
driver.close()
```

3. find_element()方法

前面已经讲过 find_element()的使用方法,这里不再赘述,只给出应用标签定位元素的示例代码,供大家参考。

```
from selenium import webdriver
from time import sleep
from selenium.webdriver.common.by import By

driver=webdriver.Chrome()
driver.maximize_window()
driver.get("https://cn.bing.com/")
ele_input=driver.find_element(By.TAG_NAME,'input')
if ele_input.get_attribute('type')=='search':
    ele_input.send_keys('异步社区')
driver.find_element_by_name('go').click()
sleep(10)
driver.close()
```

4. find_elements()方法

前面已经讲过 find_elements()的使用方法,这里也不再赘述,只给出应用标签定位元素的示例代码,供大家参考。

```
from selenium import webdriver
from time import sleep
from selenium.webdriver.common.by import By

driver=webdriver.Chrome()
driver.maximize_window()
driver.get("https://cn.bing.com/")
ele_inputs=driver.find_elements(By.TAG_NAME,'input')
for ele_input in ele_inputs:
    if ele_input.get_attribute('type')=='search':
        kw=ele_input
        continue
    if ele_input.get_attribute('type')=='submit':
        search=ele_input
        continue
kw.send_keys('异步社区')
search.click()
sleep(10)
driver.close()
```

5.6 根据链接文本定位元素

网页上有很多元素,如文本输入框、按钮、复选框、图片、链接等。可根据链接显示的文本来定位链接元素,这种定位方法主要用于 a 标签。如图 5-15 所示,在 Bing 搜索页面上,图片、视频、学术、词典等就是链接元素,查看对应的 HTML 源码,可以看到它们都是 a 标签。

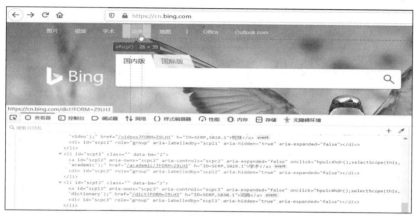

图 5-15 链接元素的 HTML 源码相关信息

可以使用 find_element_by_link_text()、find_elements_by_link_text()、find_element() 或 find_elements() 方法来定位一个或多个链接元素。

1. find_element_by_link_text()方法

下面在 Bing 搜索页面上搜索 bee 关键词,查看词典信息,展示 find_element_by_link_text() 方法的应用。不要着急,我们先来分析一下平时是怎样操作的。

如图 5-16 所示,通常情况下,输入搜索词 bee 并按 Enter 键。

图 5-16 在"输入搜索词"输入框中输入信息

如图 5-17 所示,Bing 搜索引擎会自动搜索出与关键词 bee 相关的网页信息。

53

第 5 章　Selenium 中的元素定位方法与案例演示

图 5-17　显示与 bee 关键词相关的网页信息

如图 5-18 所示，单击"词典"链接，将显示对应的中英文相关词典信息。

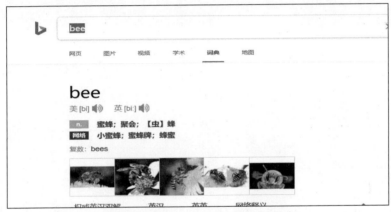

图 5-18　显示与 bee 关键词相关的词典信息

上述操作过程的代码实现如下所示。

```
from selenium import webdriver
from time import sleep
from selenium.webdriver.common.keys import Keys

driver=webdriver.Chrome()
driver.maximize_window()
driver.get("https://cn.bing.com/")
driver.find_element_by_name('q').send_keys('bee')
driver.find_element_by_name('q').send_keys(Keys.ENTER)      #按 Enter 键
driver.find_element_by_link_text('词典').click()            #单击"词典"链接
sleep(10)
driver.close()
```

需要说明的是，这里应用了 Enter 键，所以需要添加 from selenium.webdriver.common.keys import Keys 代码。find_element_by_link_text()方法在使用时，必须写全链接才能显示全文本信息；否则，将不能定位到对应的链接元素。

2. find_elements_by_link_text()方法

find_elements_by_link_text()方法的应用代码如下所示。

```
from selenium import webdriver
from time import sleep
from selenium.webdriver.common.keys import Keys

driver=webdriver.Chrome()
driver.maximize_window()
driver.get("https://cn.bing.com/")
driver.find_element_by_name('q').send_keys('bee')
driver.find_element_by_name('q').send_keys(Keys.ENTER)
driver.find_elements_by_link_text('词典')[0].click()
sleep(10)
driver.close()
```

3. find_element()方法

示例代码如下,供大家参考。

```
from selenium import webdriver
from time import sleep
from selenium.webdriver.common.by import By
from selenium.webdriver.common.keys import Keys

driver=webdriver.Chrome()
driver.maximize_window()
driver.get("https://cn.bing.com/")
driver.find_element_by_name('q').send_keys('bee')
driver.find_element_by_name('q').send_keys(Keys.ENTER)
driver.find_element(By.LINK_TEXT,'词典').click()
sleep(10)
driver.close()
```

4. find_elements()方法

示例代码如下,供大家参考。

```
from selenium import webdriver
from time import sleep
from selenium.webdriver.common.by import By
from selenium.webdriver.common.keys import Keys

driver=webdriver.Chrome()
driver.maximize_window()
driver.get("https://cn.bing.com/")
driver.find_element_by_name('q').send_keys('bee')
driver.find_element_by_name('q').send_keys(Keys.ENTER)
```

```python
driver.find_elements(By.LINK_TEXT,'词典')[0].click()
sleep(10)
driver.close()
```

5.7 根据部分链接文本定位元素

这种方法从字面上非常容易理解，只输入部分文本信息就可以定位到对应的链接元素，比如"词典"链接，只需要输入"词"或"典"就可以定位到对应的链接元素。当然，前提是页面上没有包含这两个字的其他链接元素。

可以使用 find_element_by_partial_link_text()、find_elements_by_partial_link_text()、find_element()或 find_elements()方法来定位一个或多个链接元素。

1. find_element_by_partial_link_text()方法

示例代码如下，供大家参考。

```python
from selenium import webdriver
from time import sleep
from selenium.webdriver.common.keys import Keys

driver=webdriver.Chrome()
driver.maximize_window()
driver.get("https://cn.bing.com/")
driver.find_element_by_name('q').send_keys('bee')
driver.find_element_by_name('q').send_keys(Keys.ENTER)    #按回车键
driver.find_element_by_partial_link_text('典').click()    #单击包含"典"字的链接
sleep(10)
driver.close()
```

2. find_elements_by_partial_link_text()方法

示例代码如下，供大家参考。

```python
from selenium import webdriver
from time import sleep
from selenium.webdriver.common.keys import Keys

driver=webdriver.Chrome()
driver.maximize_window()
driver.get("https://cn.bing.com/")
driver.find_element_by_name('q').send_keys('bee')
driver.find_element_by_name('q').send_keys(Keys.ENTER)
driver.find_elements_by_partial_link_text('词')[0].click()
sleep(10)
```

```
driver.close()
```

3. find_element()方法

示例代码如下,供大家参考。

```
from selenium import webdriver
from time import sleep
from selenium.webdriver.common.by import By
from selenium.webdriver.common.keys import Keys

driver=webdriver.Chrome()
driver.maximize_window()
driver.get("https://cn.bing.com/")
driver.find_element_by_name('q').send_keys('bee')
driver.find_element_by_name('q').send_keys(Keys.ENTER)
driver.find_element(By.PARTIAL_LINK_TEXT,'典').click()
sleep(10)
driver.close()
```

4. find_elements()方法

示例代码如下,供大家参考。

```
from selenium import webdriver
from time import sleep
from selenium.webdriver.common.by import By
from selenium.webdriver.common.keys import Keys

driver=webdriver.Chrome()
driver.maximize_window()
driver.get("https://cn.bing.com/")
driver.find_element_by_name('q').send_keys('bee')
driver.find_element_by_name('q').send_keys(Keys.ENTER)
driver.find_elements(By.PARTIAL_LINK_TEXT,'词')[0].click()
sleep(10)
driver.close()
```

5.8 根据 XPath 定位元素

在日常工作中,如果能够非常容易地获得页面元素的 id、name 属性信息,并且它们是唯一的,那么通过它们定位元素当然是最理想、最方便的选择。但是很多情况下,页面较复杂且不能通过 id、name 等其他方式准确定位到页面元素。这时大家就会经常使用 XPath 定位元素。在讲解如何使用 XPath 定位元素之前,有必要先讲一讲什么是 XPath。

XPath 是 XML 路径语言（XML Path Language）的意思，可用来在 XML 文档中对元素和属性进行遍历。

那么如何通过 Firefox 开发者工具获得元素的 XPath 呢？下面以获取"输入搜索词"页面元素为例，详细介绍一下操作步骤。

首先，将鼠标指针移到要获取 XPath 的元素所在位置，这里当然就是移到"输入搜索词"输入框的位置，右击对应的 HTML 源代码，将弹出一个快捷菜单，如图 5-19 所示。

图 5-19 右击"输入搜索词"输入框对应的 HTML 源代码

选择"复制"，在弹出的二级菜单中选择 XPath 菜单项，如图 5-20 所示。

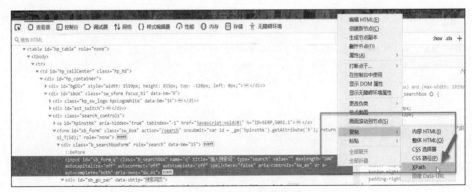

图 5-20 选择 XPath 菜单项

而后，将复制的 XPath 粘贴到 Python 脚本中，如图 5-21 所示。

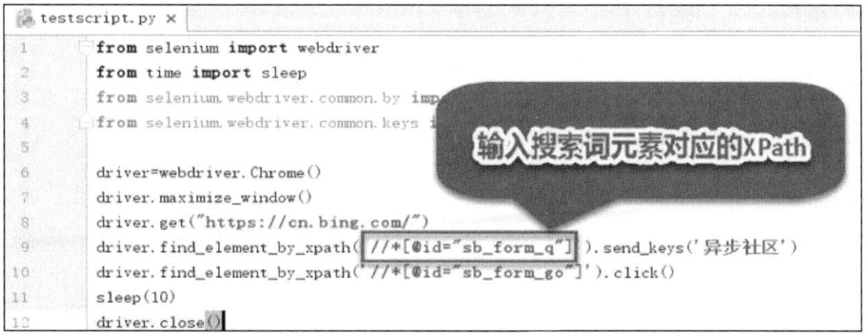

5.8 根据 XPath 定位元素

图 5-21 应用 XPath 定位元素脚本的相关信息

从图 5-21 可以看到对应"输入搜索词"元素的 XPath 为//*[@id="sb_form_q"]。是不是看起来感觉很奇怪？这里边有多个符号，如/、*、@、[、]、=，还有看起来像是关键字的 id 等。尽管可以非常容易地使用 Firefox 来获取页面元素的 XPath，但是能看明白 XPath 字符串更加重要。这里简单介绍一下 XPath 字符串表达式的相关知识。

XPath 基于 XML 树状结构，提供了在数据结构树中找寻节点的功能。我们可以看到 XPath 是以 html 标签作为根节点并以各个不同元素作为子节点的树状结构。XPath 元素定位分成两种类型——绝对定位和相对定位。绝对定位是指从根节点开始逐层标识以定位到期望查找的元素，如"输入搜索词"输入框，它的绝对定位字符串表达式为 /html/body/table/tbody/tr/td/div/div/div/form/div/input，参见图 5-22（彩色效果参见文前彩插），这里用红色的横线来标识。由此，不难发现 XPath 绝对定位是以/开始的，每层使用的是标签的名字。

图 5-22 Bing 搜索页面的源代码相关信息

如果现在要求给出"搜索网页"按钮的 XPath 绝对定位路径，你能做到吗？有了"输入搜索词"输入框的 XPath 绝对定位路径，是不是很容易就能给出"搜索网页"按钮的 XPath 绝对定位路径呢？是的，只需要去掉/input，再加上/div/input 就可以了。为什么去掉 input 呢？为了让大家看得更清楚，这里我们只截取与这两个页面元素相关的 HTML 源代码部分，如图 5-23 所示。大家可以看到"输入搜索词"输入框元素和 div 是同层的，而真正的"搜索网页"按钮元素是 div 的子节点。因此，"搜索网页"按钮元素的 XPath 绝对定位路径是/html/body/table/tbody/tr/td/div/div/div/form/div/div/input。

图 5-23 "输入搜索词"和"搜索页面"页面元素对应的 HTML 源代码相关信息

不知道你是怎么看待 XPath 绝对定位的呢？是不是觉得太麻烦，而且不直观？事实上，多数情况下，我们使用更多的是 XPath 相对定位。上面的"输入搜索词"页面元素的 XPath 为//*[@id="sb_form_q"]，这就是一个 XPath 相对定位字符串表达式。XPath 相对定位以//开始，那么*代表什么呢？它代表任何元素。方括号代表要在 XPath 定位中应用 id 属性定位法，这里表示定位 id 为 sb_form_q 的元素。

下面使用同样的操作方式，通过开发者工具复制"搜索网页"按钮元素的 XPath，可知 XPath 相对定位字符串表达式为//*[@id="sb_form_go"]。

既然"输入搜索词"输入框元素和"搜索网页"按钮元素的 XPath 绝对定位路径都找到了，我们就可以应用 XPath 定位元素了。

可以使用 find_element_by_xpath()、find_elements_by_xpath()、find_element()或 find_elements() 方法来定位一个或多个页面元素。

关于 find_element_by_xpath()方法，使用 XPath 绝对定位路径的示例代码如下所示。

```
from selenium import webdriver
from time import sleep

driver=webdriver.Chrome()
driver.maximize_window()
driver.get("https://cn.bing.com/")
driver.find_element_by_xpath('/html/body/table/tbody/tr/td/div/div/div/form/div
                              /input').send _keys('异步社区')
driver.find_element_by_xpath('/html/body/table/tbody/tr/td/div/div/div/form/div/div
                              /input').click()
sleep(10)
```

```
driver.close()
```

使用 XPath 相对定位路径的示例代码如下所示。

```
from selenium import webdriver
from time import sleep

driver=webdriver.Chrome()
driver.maximize_window()
driver.get("https://cn.bing.com/")
driver.find_element_by_xpath('//*[@id="sb_form_q"]').send_keys('异步社区')
driver.find_element_by_xpath('//*[@id="sb_form_go"]').click()
sleep(10)
driver.close()
```

我们还可以通过一些属性的组合来完成页面元素的定位，这种方法特别适合出现属性重名（不唯一）且通过组合属性就能唯一确定页面元素的情况，这里举一个联合使用 id 和 name 属性定位页面元素的例子。

```
from selenium import webdriver
from time import sleep

driver=webdriver.Chrome()
driver.maximize_window()
driver.get("https://cn.bing.com/")
driver.find_element_by_xpath('//*[@id="sb_form_q" and @name="q"]').send_keys('异步社区')
driver.find_element_by_xpath('//*[@id="sb_form_go"]').click()
sleep(10)
driver.close()
```

除了可以使用 and 等表达式以外，还可以使用节点关系（如父节点、子节点）和轴。轴可以定义相对于当前节点的节点集。为了便于了解这些内容，下面整理出一些根据 XPath 定位元素的常用表达式，如表 5-1 所示。

表 5-1　根据 XPath 定位元素的常用表达式

表达式	说明
/	绝对定位方式，从根节点选取
//	相对定位方式，从匹配选择的当前节点选择文档中的节点，而不考虑它们的位置
@	选取属性，如 id、name、calss 等
contains	包含
ancestor	选取当前节点的所有前辈节点（父节点、祖父节点等）
attribute	选取当前节点的属性
child	选取当前节点的所有子元素节点
descendant	选取当前节点的所有后代元素节点（子节点、孙节点等）
descendant-or-self	选取当前节点的所有后代元素节点（子节点、孙节点等）以及当前节点本身

续表

表达式	说明
following	选取文档中当前节点的结束标签之后的所有节点
parent	选取当前节点的父节点
preceding	选取当前节点之前的所有节点
preceding-sibling	选取当前节点之前的所有同级兄弟节点
|	选取两个节点集
=	等于
!=	不等于
<	小于
<=	小于或等于
>	大于
>=	大于或等于
or	或
and	与
mod	取余

了解了根据 XPath 定位元素的一些表达式以后，现在给出一道题目：通过 child、contains 表达式来定位并单击"国际版"元素，如图 5-24 所示。

图 5-24　"国际版"元素相关信息

现在让我们一起来分析这个题目，child 表达式用来"选取当前节点的所有子节点"，因而必须先找到当前节点，也就是"国际版"元素的父节点。

如图 5-25 所示，你会发现"国际版"元素对应的父节点是 id 为 est_switch 的 div 元素。

"国际版"元素在这个 div 元素下包含了"国际版"三个字，如图 5-26 所示。

那么是不是使用//*[@id="est_switch"]/child::div[contains(text(),"国际版")]就可以定位到"国际版"元素呢？是的，确实如此。

5.8 根据 XPath 定位元素

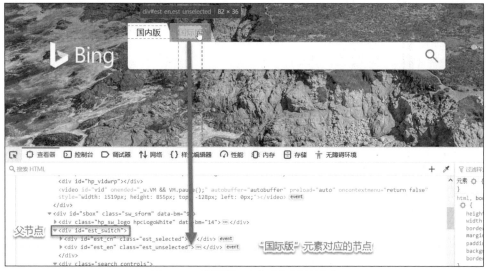

图 5-25 "国际版"元素对应的源码信息

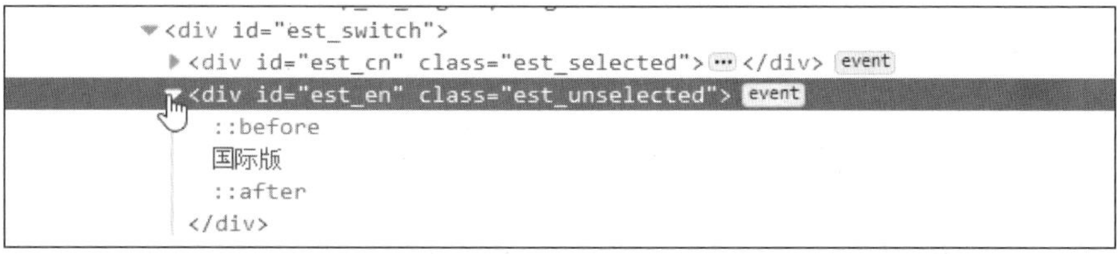

图 5-26 "国际版"元素所在的 div 元素对应的源码信息

参考代码如下。

```
from selenium import webdriver
from time import sleep

driver=webdriver.Chrome()
driver.maximize_window()
driver.get("https://cn.bing.com/")
driver.find_element_by_xpath('//*[@id="est_switch"]/child::div[contains(text(),
    "国际版")]').click()
sleep(10)
driver.close()
```

还可以根据所处位置实现"国际版"元素的单击操作。"国内版"和"国际版"元素都是 id 为 est_switch 的 div 元素的子节点,并且它们都是 div 元素,而"国际版"元素是第 2 个 div,可以使用下面的脚本完成对"国际版"元素的单击操作。

```
from selenium import webdriver
from time import sleep

driver=webdriver.Chrome()
driver.maximize_window()
```

```
driver.get("https://cn.bing.com/")
driver.find_element_by_xpath('//*[@id="est_switch"]/child::div[2]').click()
sleep(10)
driver.close()
```

1. find_elements_by_xpath()方法

关于find_elements_by_xpath()方法的示例代码如下所示。

```
from selenium import webdriver
from time import sleep

driver=webdriver.Chrome()
driver.maximize_window()
driver.get("https://cn.bing.com/")
driver.find_elements_by_xpath('//*[@id="sb_form_q"]')[0].send_keys('异步社区')
driver.find_elements_by_xpath('//*[@id="sb_form_go"]')[0].click()
sleep(10)
driver.close()
```

2. find_element()方法

示例代码如下,供大家参考。

```
from selenium import webdriver
from time import sleep
from selenium.webdriver.common.by import By

driver=webdriver.Chrome()
driver.maximize_window()
driver.get("https://cn.bing.com/")
driver.find_element(By.XPATH,'//*[@id="sb_form_q"]').send_keys('异步社区')
driver.find_element(By.XPATH,'//*[@id="sb_form_go"]').click()
sleep(10)
driver.close()
```

3. find_elements()方法

示例代码如下,供大家参考。

```
from selenium import webdriver
from time import sleep
from selenium.webdriver.common.by import By

driver=webdriver.Chrome()
driver.maximize_window()
driver.get("https://cn.bing.com/")
driver.find_elements(By.XPATH,'//*[@id="sb_form_q"]')[0].send_keys('异步社区')
driver.find_elements(By.XPATH,'//*[@id="sb_form_go"]')[0].click()
```

```
sleep(10)
driver.close()
```

5.9 根据 CSS 定位元素

在页面较复杂且不能通过 id、name 等属性准确定位页面元素时，除了根据 XPath 定位元素以外，还可以根据 CSS 定位元素。后者较前者在执行速度方面更快，更加稳定，所以建议大家根据 CSS 定位元素。在讲解如何根据 CSS 定位元素之前，有必要先讲一讲什么是 CSS。

CSS（Cascading Style Sheet，层叠样式表）是一种用来表现 HTML 或 XML 等文件样式的计算机语言，CSS 能够对网页中元素的位置进行准确定位。

那么如何通过 Firefox 开发者工具获得元素的 CSS 呢？下面以获取"输入搜索词"页面元素为例。

首先，将鼠标指针移到"输入搜索词"输入框位置，右击对应的 HTML 源代码，将弹出一个快捷菜单，如图 5-27 所示。

图 5-27 右击"输入搜索词"输入框对应的 HTML 源代码

选择"复制"，在弹出的二级菜单中选择"CSS 选择器"或"CSS 路径"菜单项，如图 5-28 所示。那么这两个菜单项有什么区别呢？举个例子，对于"输入搜索词"页面元素，CSS 选择器的内容为#sb_form_q，而 CSS 路径的内容为 html body.zhs.zh-CN.ltr table#hp_table tbody tr td#hp_cellCenter.hp_hd div#hp_container div#sbox.sw_sform div.search_controls form#sb_form. sw_box div.b_searchboxForm input#sb_form_q.b_searchbox。

图 5-28　选择"CSS 选择器"或"CSS 路径"菜单项

而后，将复制的 CSS 粘贴到 Python 脚本中，如图 5-29 所示。这里，为"输入搜索词"输入框元素应用的是 CSS 路径方式，而为"搜索页面"按钮元素应用的是 CSS 选择器方式。

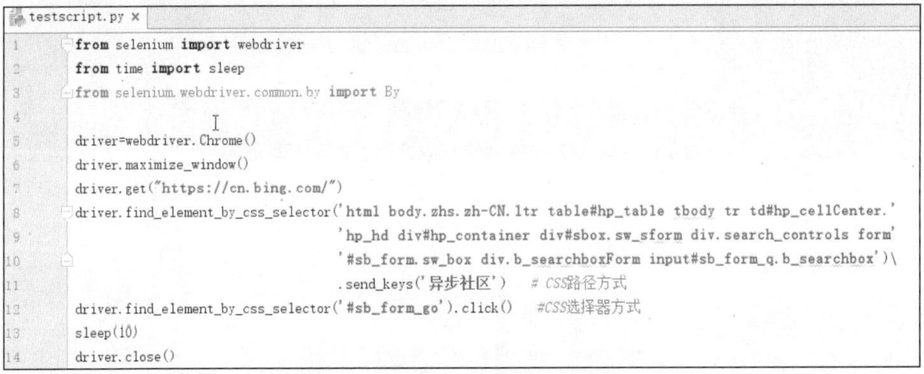

图 5-29　根据 CSS 定位元素的脚本信息

从图 5-29 中不难发现使用 CSS 选择器十分简单，而使用 CSS 路径很好地体现了元素的层次结构，但非常冗长不易于阅读，所以在这里强烈建议使用 CSS 选择器方式。

CSS 元素定位法也支持绝对定位和相对定位，这里仍以定位"输入搜索词"输入框元素为例。

- ❑ CSS 绝对定位表达式：html>body>table>tbody>tr>td>div>div>div>form>div>input。不难发现，这种方式是将 XPath 中的/分隔符替换为>，并且表达式中没有 XPath 的//。
- ❑ CSS 相对定位表达式：input[title = "输入搜索词"]。与 XPath 不同，CSS 在属性的前面不需要加@。

- CSS 的 id 定位表达式：#sb_form_q。#的后面是具体元素的 id 属性值。
- CSS 的 class 定位表达式：.b_searchbox。. 的后面是具体元素的 class 属性值。
- CSS 的组合定位表达式：.b_searchboxForm :first-child。这个表达式意味着先通过 class 属性定位到"输入搜索词"输入框元素的父节点，这个父节点的 class 属性值为 b_searchboxForm，而后必须有一个空格，其后是 first-child，表示取第一个子节点，也就是"输入搜索词"元素节点。

CSS 元素定位法还有很多种形式，如果希望了解更多，请自行阅读相关资料，这里不再赘述。

可以使用 find_element_by_css_selector()、find_elements_by_css_selector()、find_element() 或 find_elements()方法来定位一个或多个页面元素。

1. find_element_by_css_selector()方法

示例代码如下，供大家参考。

```
from selenium import webdriver
from time import sleep

driver=webdriver.Chrome()
driver.maximize_window()
driver.get("https://cn.bing.com/")
driver.find_element_by_css_selector('.b_searchboxForm :first-child').send_keys
    ('异步社区')
driver.find_element_by_css_selector('#sb_form_go').click()
sleep(10)
driver.close()
```

2. find_elements_by_css_selector()方法

示例代码如下，供大家参考。

```
from selenium import webdriver
from time import sleep

driver=webdriver.Chrome()
driver.maximize_window()
driver.get("https://cn.bing.com/")
driver.find_elements_by_css_selector('.b_searchboxForm :first-child')[0].send_keys
    ('异步社区')
driver.find_elements_by_css_selector('#sb_form_go')[0].click()
sleep(10)
driver.close()
```

3. find_element()方法

示例代码如下,供大家参考。

```python
from selenium import webdriver
from time import sleep
from selenium.webdriver.common.by import By

driver=webdriver.Chrome()
driver.maximize_window()
driver.get("https://cn.bing.com/")
driver.find_element(By.CSS_SELECTOR,'.b_searchboxForm :first-child').send_keys
    ('异步社区')
driver.find_element(By.CSS_SELECTOR,'#sb_form_go').click()
sleep(10)
driver.close()
```

4. find_elements()方法

示例代码如下,供大家参考。

```python
from selenium import webdriver
from time import sleep
from selenium.webdriver.common.by import By

driver=webdriver.Chrome()
driver.maximize_window()
driver.get("https://cn.bing.com/")
driver.find_elements(By.CSS_SELECTOR,'.b_searchboxForm :first-child')[0].send_keys
    ('异步社区')
driver.find_elements(By.CSS_SELECTOR,'#sb_form_go')[0].click()
sleep(10)
driver.close()
```

第 6 章　Selenium 中的其他方法与案例演示

6.1　浏览器导航操作的相关应用

在使用浏览器时，大家可能经常会用到浏览器的导航按钮，如"前进""后退""刷新"按钮，如图 6-1 所示。

图 6-1　浏览器的导航按钮

在 Selenium 中，不需要单击这些导航按钮，而仅仅使用三行代码就可以完全替代它们。

这里仍以 Bing 搜索为例，先访问 Bing 搜索页面，而后搜索"异步社区"，再后退、前进，最后刷新页面，停留 10s 后，关闭浏览器（这里为让大家看到后退、前进的操作过程，在每一次操作后均停留 2s），对应的脚本如下。

```
from selenium import webdriver
from time import sleep

driver=webdriver.Chrome()
driver.maximize_window()
driver.get("https://cn.bing.com/")
driver.find_element_by_name('q').send_keys('异步社区')
driver.find_element_by_name('go').click()
sleep(2)
driver.back()
sleep(2)
driver.forward()
sleep(2)
```

```
driver.refresh()
sleep(2)
driver.close()
```

在上面的脚本中，driver.back()语句对应浏览器的后退按钮，driver.forward()语句对应浏览器的前进按钮，而 driver.refresh()语句对应浏览器的刷新按钮。

6.2 Selenium 的 3 种等待方式

在应用 Selenium 的时候，可能会发生由于页面上的一些元素没有出现而导致无法对这些未显示的元素进行操作的情况。针对这个问题，可以通过 3 种等待方式来解决。

6.2.1 强制等待

强制等待就是为了估计要操作的页面元素大概什么时候能显示出来而设定的睡眠（sleep）时长，应用的是 sleep()函数。

示例代码如下。

```
from selenium import webdriver
from time import sleep

driver=webdriver.Chrome()
driver.maximize_window()
driver.get("https://cn.bing.com/")
sleep(10)
driver.find_elements_by_name('q')[0].send_keys('异步社区')
driver.find_elements_by_name('go')[0].click()
driver.close()
```

运行以上代码，在访问 Bing 搜索页面后，强制等待 10s，而后输入搜索词"异步社区"并单击"搜索网页"按钮。

6.2.2 显式等待

显式等待是一种相对智能的等待方式，它通过使用 WebDriverWait 类的 until()方法来指定条件，并根据条件是否达成来决定是否终止等待。如果在指定的等待时间内已经成功发现要待的元素，那么无须等到指定的时间即可提前终止轮询，而继续执行后面的语句；如果在设定的等待时间依然找不到元素，就抛出异常。在使用显式等待时需要导入 selenium.webdriver.support.ui 模块的 WebDriverWait 类。

如图 6-2 所示，WebDriverWait 类的构造函数主要有 4 个参数。

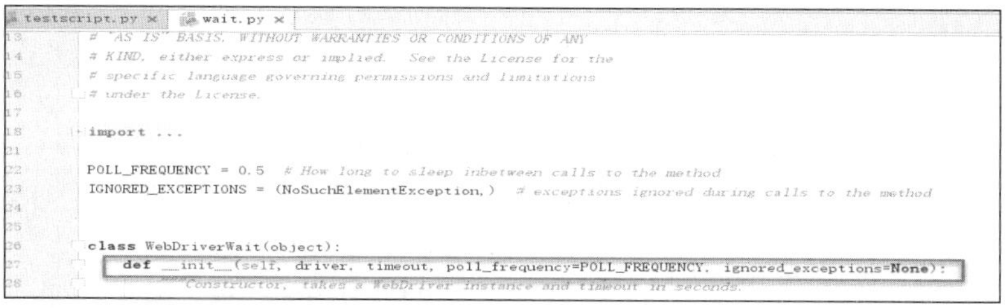

图 6-2　WebDriverWait 类的相关信息

- driver：WebDriver 实例对象。
- timeout：超时时长，也就是最长的等待时间，单位为秒。
- poll_frequency：调用频率，也就是以多长的周期执行判断条件，默认周期为 0.5s。
- ignored_exceptions：在执行过程中忽略异常，默认情况下只忽略 NoSuchElementException 异常。

WebDriverWait 类提供了 until()和 until_not()两个方法。

- until(method, message=' ')方法包含两个参数——method 和 message。until()方法会在指定的等待时间内，每隔一段时间调用一次 method，直到条件为真（True）。如果超时，就抛出异常消息。
- until_not(method, message=' ')方法也包含两个参数——method 和 message。until_not() 方法会在指定的等待时间内，每隔一段时间调用一次 method，直到条件为假（False）。如果超时，就抛出异常消息。

示例代码如下。

```
from selenium import webdriver
from selenium.webdriver.common.by import By
from selenium.webdriver.support.ui import WebDriverWait
from selenium.webdriver.support import expected_conditions as EC


driver=webdriver.Chrome()
driver.maximize_window()
driver.get("https://cn.bing.com/")
#显式等待，超时时长为10s，周期为0.2s
ele=WebDriverWait(driver,10,0.2).until(EC.visibility_of_element_located((By.NAME,'q')))
if ele is not None:            #如果成功捕获对象
    print(type(ele))           #打印对象类型
    ele.send_keys('异步社区')
driver.find_element_by_name('go').click()
driver.quit()
```

运行上面的代码，可以发现 Selenium 会自动打开 Chrome 浏览器并访问 Bing 搜索页面，在"输入搜索词"输入框中输入"异步社区"并单击"搜索网页"按钮，脚本输出信息如图 6-3 所示。

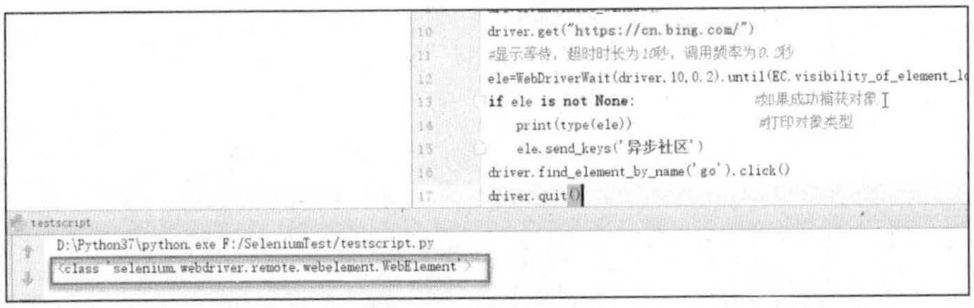

图 6-3　脚本输出信息

下面给出一段由于没有发现指定的页面元素而引起超时的示例代码。

```python
from selenium import webdriver
from selenium.webdriver.common.by import By
from selenium.webdriver.support.ui import WebDriverWait
from selenium.webdriver.support import expected_conditions as EC

driver=webdriver.Chrome()
driver.maximize_window()
driver.get("https://cn.bing.com/")
#显式等待，超时时长为10s，周期为0.2s
ele=WebDriverWait(driver,10,0.2).until(
    EC.visibility_of_element_located((By.NAME,'qqq')),'没发现输入搜索词文本框！')
if ele is not None:                    #如果成功捕获对象
    print(type(ele))                   #输出对象类型
    ele.send_keys('异步社区')
driver.find_element_by_name('go').click()
driver.quit()
```

在以上脚本中，我们故意设定了不存在的名为 qqq 的元素，因此 Selenium 在等待 10s 以后，发现还是定位不到这个元素，于是抛出超时异常，对应的异常消息就是"没发现输入搜索词文本框！"，如图 6-4 所示。

图 6-4　因元素定位不到而引起等待超时的脚本输出信息

6.2.3 隐式等待

隐式等待的好处是不用像 sleep()函数那样强制等待指定的时间，而是可以通过使用 implicitly_wait()方法设定等待时间，单位为秒。当页面的全部元素都展现出来后，才会执行后续语句。如果全部页面元素展现出来的时间小于等待时间，则提前终止轮询，而继续执行后面的语句。如果在设定的等待时间依然找不到元素，则抛出异常。

示例代码如下。

```
from selenium import webdriver

driver=webdriver.Chrome()
driver.implicitly_wait(10)    #设置隐式等待的时间为10s
driver.maximize_window()
driver.get("https://cn.bing.com/")
driver.find_element_by_name('q').send_keys('异步社区')
driver.find_element_by_name('go').click()
driver.quit()
```

6.3 高亮显示正在操作的元素

使用过 HP 公司的自动化测试工具 QTP（Quick Test Professional）——现在已经升级为 UFT（Unified Functional Testing）的读者一定知道，当在对象库中选中一个对象时，就会在 Active Screen 中高亮显示该对象。这样做的好处就是让人能够很直观地知道对象与页面元素的对应关系。如果在操作每一个页面元素前，高亮显示一下，即使不懂代码的人也能够很清晰地知道脚本做了些什么。那么，怎么实现这样的效果呢？可以通过使用 JavaScript 脚本来实现，代码如下。

```
from selenium import webdriver
from time import sleep

def HighLight(driver,element):
    #封装好的高亮显示页面元素的方法
    #使用JavaScript 代码对传入的页面元素对象的边框颜色循环3次
    #边框颜色先蓝后红，中间各停留1s，产生闪烁效果
    for i in range(0,3):
        driver.execute_script("arguments[0].setAttribute('style',arguments[1]);",
                    element, "border:2px solid blue;")
        sleep(1)
        driver.execute_script("arguments[0].setAttribute('style',arguments[1]);",
                    element, "border:2px solid red;")
        sleep(1)
```

```python
#恢复页面元素
driver.execute_script("arguments[0].setAttribute('style',arguments[1]);",
                      element, "")

driver=webdriver.Chrome()
driver.implicitly_wait(10)
driver.maximize_window()
driver.get("https://cn.bing.com/")
input_search=driver.find_element_by_name('q')
HighLight(driver,input_search)
input_search.send_keys('异步社区')
btn_go=driver.find_element_by_name('go')
HighLight(driver,btn_go)
sleep(10)
btn_go.click()
sleep(5)
driver.quit()
```

这里定义了一个名为 HighLight() 函数,它有两个参数——driver 和 element。driver 表示浏览器驱动实例对象,element 表示要操作的页面元素对象。

为了让读者更清楚地看到高亮显示效果,可在高亮显示的"输入搜索词"输入框与"搜索网页"按钮的后面分别加入 10s 和 5s 的等待时间。高亮显示效果如图 6-5 所示。

图 6-5 高亮显示"输入搜索词"输入框

6.4 为页面元素捕获异常

在日常的测试工作中,测试人员经常会编写自动化测试脚本,而在编写脚本的过程中,可能会由于一时疏忽,将元素的 id、name 等弄错。当然,也有可能出于种种原因,页面本身就没有对应的 id、name 等属性信息,从而和脚本不一致,导致脚本执行时因出现异常而终止。这时大家通常会截图,看看是在什么样的页面状态下出现了错误,从而更进一步分析、定位问题产生的原因。

下面的脚本由于没有定位到名为 qqq 的元素而产生异常,于是我们截取网页状态并输出异常栈消息。

6.4 为页面元素捕获异常

```
import traceback
from selenium import webdriver

driver=webdriver.Chrome()
driver.implicitly_wait(10)
driver.maximize_window()
driver.get("https://cn.bing.com/")
try:
    #名为qqq的页面元素不存在，所以将会产生异常
    input_search=driver.find_element_by_name('qqq').send_keys('异步社区')
    btn_go=driver.find_element_by_name('go').click()
except Exception as e:
    driver.save_screenshot('err.png')
    print(traceback.print_exc())
driver.quit()
```

由于在输出栈异常信息时需要用到 traceback.print_exc()方法，因此必须导入 traceback 模块。截图的方法非常简单，save_screenshot()方法就可以搞定。需要提醒大家的是，必须指定截图的文件名，如果没有输入完整的路径，默认将保存到脚本所在的目录，如图 6-6 所示。

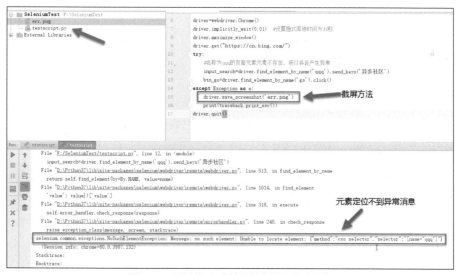

图 6-6 元素定位失败的异常截图和异常消息

如果希望从异常栈消息中获得更多详情，可以继续下拉执行日志，就可以看到它们了，如图 6-7 所示。

第6章　Selenium 中的其他方法与案例演示

```
selenium.common.exceptions.NoSuchElementException: Message: no such element: Unable to locate element: {"method":"css selector","selector":"[name="qqq"]"}
  (Session info: chrome=80.0.3987.132)
Stacktrace:
Backtrace:
    Ordinal0 [0x00A30C83+1707139]
    Ordinal0 [0x009968F1+1075441]
    Ordinal0 [0x0D90DFC9+516041]
    Ordinal0 [0x008A8C99+101529]
    Ordinal0 [0x008C4720+214816]
    Ordinal0 [0x008B9ED0+171728]
    Ordinal0 [0x008C30F4+209140]
    Ordinal0 [0x008B9D4B+171339]                     异常栈消息
    Ordinal0 [0x008A1D4A+73034]
    Ordinal0 [0x008A2DC0+77248]
    Ordinal0 [0x008A2D59+77145]
    Ordinal0 [0x009ABB67+1162087]
    GetHandleVerifier [0x00ACA966+508998]
    GetHandleVerifier [0x00ACA6A4+508292]
    GetHandleVerifier [0x00ADF7B7+594583]
    GetHandleVerifier [0x00ACB1D6+511158]
    Ordinal0 [0x009A402C+1130540]
    Ordinal0 [0x009AD4CB+1168587]
    Ordinal0 [0x009AD633+1168947]
    Ordinal0 [0x009C5B35+1268533]
    BaseThreadInitThunk [0x74A46359+25]
    RtlGetAppContainerNamedObjectPath [0x76F27B74+228]
    RtlGetAppContainerNamedObjectPath [0x76F27B44+180]
```

图 6-7　元素定位失败的异常栈消息

当然，为了以后非常方便地使用截图，可以编写通用的函数或者封装成类以方便调用，这里我们编写通用函数供大家参考。

```python
import traceback
import time
import random

from selenium import webdriver

def Screenshot(driver):
    #格式化输出，格式为"年 月 日 时 分 秒"
    current_time = time.strftime("%Y%m%d%H%M%S", time.localtime(time.time()))
    #为防止文件重名，加了0~9的随机数，换言之，图片的名称为"年 月 日 时 分 秒 + 1个0~9
    #的随机数 + .png"
    driver.save_screenshot(current_time+str(random.randint(0,9))+'.png')
    current_time=None

driver=webdriver.Chrome()
driver.implicitly_wait(10)
driver.maximize_window()
driver.get("https://cn.bing.com/")
try:
    #名为 qqq 的页面元素不存在，所以将会出现异常
    input_search=driver.find_element_by_name('qqq').send_keys('异步社区')
    btn_go=driver.find_element_by_name('go').click()
except Exception as e:
    Screenshot(driver)
    print(traceback.print_exc())
finally:
```

```
    driver.quit()
```

以上脚本定义了 Screenshot()函数，该函数使用"年 月 日 时 分 秒 + 1 个 0~9 的随机数 + .png"作为文件名，截取页面图像，如图 6-8 所示。同时为防止浏览器驱动程序由于异常中断而不能关闭，我们使用了 try-except-finally 语句块，并且在 finally 部分加入 driver.quit()语句，从而保证无论是否出现异常，浏览器驱动程序均能正常关闭。

图 6-8　由 Screenshot()函数产生的异常截图文件

6.5　断言在测试脚本中的应用

做手动功能测试或自动化功能测试的读者都知道测试包含 3 个要素——输入、预期输出和实际输出。Bug 的产生就是因为根据输入，得出的实际结果和当时设定的预期输出结果不一致。例如，在浏览器的地址栏中输入 https://cn.bing.com 并按 Enter 键，预期的结果是显示 Bing 搜索页面，但实际显示的是其他的网站（当然排除修改 host 文件、网络中断等情况），我们就可以认定这是一个 Bug。那么在使用 Selenium 编写自动化脚本时，怎样才能准确地判断脚本在按照正常的业务流程工作呢？回答就是可以在脚本中加入断言。通过断言的相关方法，判断预期结果和实际结果的一致性。若一致，则是成功的；否则，就是失败的。

示例代码如下。

```
from selenium import webdriver
from time import sleep
driver=webdriver.Chrome()
driver.implicitly_wait(10)    #设置隐式等待的时间为10s
driver.maximize_window()
driver.get("https://cn.bing.com/")
```

```
try:
    assert('国内版' in driver.page_source)
    print('成功显示Bing首页!')
except:
    print('实际输出与预期输出不一致!')
sleep(2)
driver.quit()
```

我们在以上代码中加入了断言语句 assert('国内版' in driver.page_source)，用于判断 Bing 搜索页面的源码中是否包含"国内版"。如图 6-9 所示，可以发现 Bing 搜索页面的源码中是包含"国内版"这三个字的，所以预期结果的设定是没有问题的。若 assert()断言语句执行成功，就继续输出"成功显示 Bing 首页！"；否则，将会抛出断言错误（AssertionError）异常。这里做了异常处理。若断言不成功，就输出"实际输出与预期输出不一致！"。

图 6-9　Bing 搜索页面的部分源码

执行脚本后，将输出"成功显示 Bing 首页！"，如图 6-10 所示。

图 6-10　执行结果

6.6 框架元素的切换

如图 6-11 所示,假设我们要对 Web Tours 网站执行如下操作:先在标识为 1 的 Username 文本框中输入 jojo,再在标识为 2 的 Password 文本框中输入 bean,最后单击标识为 3 的 sign up now 链接。参见图 6-12 中各元素的 name 属性,运用以前学习的知识,可以很容易地编写出如下脚本。

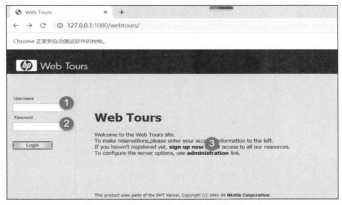

图 6-11 Web Tours 网站的首页

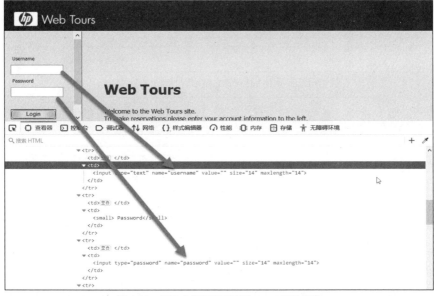

图 6-12 用户名和密码对应的 name 属性信息

```
from selenium import webdriver
from time import sleep
from selenium.webdriver.common.by import By

driver=webdriver.Chrome()
driver.maximize_window()
driver.get("http://127.0.0.1:1080/webtours")
driver.find_element_by_name('username').send_keys('jojo')
driver.find_element_by_name('password').send_keys('bean')
driver.find_element_by_partial_link_text('sign').click()
sleep(10)            #等待10秒
driver.quit()
```

但是，当我们执行这个脚本时，却发现在打开 Web Tours 网站的首页后，Selenium 并不会输入用户名和密码，同时将出现因元素定位不到而抛出的异常消息，如图 6-13 所示。

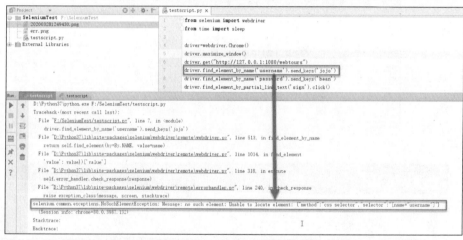

图 6-13　因 username 元素定位不到而抛出的异常消息

这是为什么呢？是不是感觉非常奇怪。查看 Web Tours 网站首页的 HTML 源码，如图 6-14 所示。

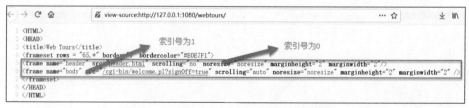

图 6-14　Web Tours 网站首页的 HTML 源码

我们可以看到，Web Tours 网站的首页包括一个 FrameSet（框架集），这个 FrameSet 由两个 Frame（框架）构成。结合 Web Tours 网站的首页，可以看得很清楚。如图 6-15 所示，名为

header 的框架对应标识为 1 的部分，而名为 body 的框架对应标识为 2 的部分（body 框架由两个子框架构成，分别标识为 3 和 4）。

图 6-15　Web Tours 网站首页的构成

结合前面讲到的操作流程，如果要操作 Username 和 Password 文本框，就必须先切换到包含这两个页面元素的 Frame，结合标识来讲，就是标识为 3 的 Frame，操作 sign up now 链接则要切换到标识为 4 的 Frame。Frame 可以通过索引号或 Frame 名称来定位，索引号从 0 开始。所以，hearder 框架对应的索引号为 0；body 框架对应的索引号为 1，而 body 框架又有两个子框架，从左至右它们对应的索引号又从 0 开始，这样就得到了它们各自的索引号，如图 6-16 所示。

图 6-16　框架的索引号信息

框架的切换需要通过使用 switch_to.frame()方法来完成，在使用 switch_to.frame()方法时可以指定索引号，如 switch_to.frame(1)表示切换到 body 框架。如果想从 body 子框架 0 切换到 body 子框架 1，就需要先使用 switch_to.parent_frame()方法切换到父框架，再切换到 body 子框架 1。

知道上述知识以后，可以写出如下脚本。

```
from selenium import webdriver
from time import sleep

driver=webdriver.Chrome()
driver.maximize_window()
driver.get("http://127.0.0.1:1080/webtours")
driver.switch_to.frame(1)       #切换到body框架
driver.switch_to.frame(0)       #切换到body子框架0
driver.find_element_by_name('username').send_keys('jojo')
driver.find_element_by_name('password').send_keys('bean')
driver.switch_to.parent_frame()  #切换到父框架——body框架
driver.switch_to.frame(1)       #切换到body子框架1
driver.find_element_by_partial_link_text('sign').click()
```

再次执行脚本，你会发现脚本完全按照我们的意图执行，操作后的页面如图6-17所示。

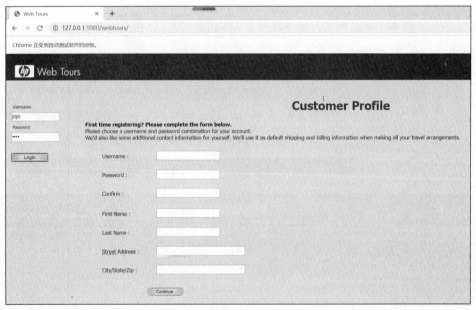

图6-17 脚本执行后的页面信息

6.7 不同弹窗的处理方法

在使用Web应用系统时，我们经常会碰到3类弹窗——警告弹窗（alert弹窗）、确认弹窗（confirm弹窗）和快捷输入弹窗（prompt弹窗）。

为了演示这3种弹窗的处理，这里准备了一个十分有针对性的HTML文件——mytest.html，源代码如图6-18所示。

```
<html>
  <head>
    <title>对话框Selenium控制演示</title>
  </head>
  <body>
    <input id = "alert" value = "alert" type = "button" onclick = "alert('Hi, 你好！');"/>
    <input id = "confirm" value = "confirm" type = "button" onclick = "confirm('确定要删除吗？');"/>
    <input id = "prompt" value = "prompt" type = "button" onclick = "var name = prompt('请输入你的名字:','孙大圣'); document.write(name) "/>
  </body>
</html>
```

图 6-18 mytest.html 文件的源代码信息

6.7.1 警告弹窗

如图 6-19 所示，警告弹窗是对操作用户发出的警示，通常情况下，只有"确定"按钮。可以通过使用 switch_to.alert()方法获取 alert 对象，而后使用 alert 对象的 accept()方法实现单击"确定"按钮的目的。

图 6-19 警告弹窗

示例代码如下。

```
from selenium import webdriver
from time import sleep

driver=webdriver.Chrome()
driver.maximize_window()
#打开本地的 HTML 文件示例
driver.get(r"C:\Users\Administrator\Desktop\mytest.html")
driver.find_element_by_id('alert').click()
sleep(10)
alert=driver.switch_to.alert      #获取 alert 对象，赋给 alert
alert.accept()                    #关闭 alert 弹窗
sleep(10)
driver.quit()
```

6.7.2 确认弹窗

如图 6-20 所示，确认弹窗是为了让操作用户进行选择，通常情况下包含两个按钮——"确定"和"取消"。可以通过使用 switch_to.alert()方法获取 confirm 对象，而后使用 confirm 对象的 accept()方法实现单击"确定"按钮的目的，而使用 dismiss()方法实现单击"取消"按钮的目的。

图 6-20 确认弹窗

示例代码如下。

```
from selenium import webdriver
from time import sleep

driver=webdriver.Chrome()
driver.maximize_window()
#打开本地的 HTML 文件示例
driver.get(r"C:\Users\Administrator\Desktop\mytest.html")
driver.find_element_by_id('confirm').click()
sleep(10)
confirm=driver.switch_to.alert        #获取 alert 对象，赋给 confirm
#confirm.accept()                     #确定
confirm.dismiss()                     #取消
sleep(10)
driver.quit()
```

6.7.3　快捷输入弹窗

如图 6-21 所示，快捷输入弹窗是为了让操作用户进行输入，通常情况下也包含两个按钮——"确定"和"取消"。可以在弹出的文本框中输入内容，通过使用 switch_to.alert()方法获取 prompt 对象，而后使用 prompt 对象的 accept()方法实现单击"确定"按钮的目的，而使用 dismiss()方法实现单击"取消"按钮的目的。

图 6-21 快捷输入弹窗

单击"确定"按钮的示例代码如下。

```
from selenium import webdriver
from time import sleep
```

```
driver=webdriver.Chrome()
driver.maximize_window()
#打开本地的 HTML 文件示例
driver.get(r"C:\Users\Administrator\Desktop\mytest.html")
driver.find_element_by_id('prompt').click()
sleep(10)
prompt=driver.switch_to.alert    #获取 alert 对象，赋给 prompt
prompt.send_keys('于涌')          #在输入框中输入"于涌"
prompt.accept()                   #确定
sleep(10)
driver.quit()
```

如图 6-22 所示，执行脚本后，快捷输入弹窗将显示输入的文本"于涌"。

图 6-22　单击"确定"按钮后的显示效果

单击"取消"按钮的示例代码如下。

```
from selenium import webdriver
from time import sleep

driver=webdriver.Chrome()
driver.maximize_window()
#打开本地的 HTML 文件示例
driver.get(r"C:\Users\Administrator\Desktop\mytest.html")
driver.find_element_by_id('prompt').click()
sleep(10)
prompt=driver.switch_to.alert
prompt.dismiss()                  #取消
sleep(10)
driver.quit()
```

如图 6-23 所示，执行脚本后，将显示 null。

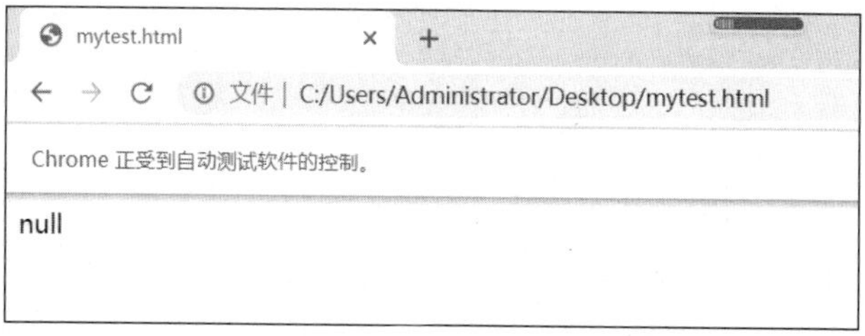

图 6-23　单击"取消"按钮后的显示效果

6.8 模拟键盘操作

如图 6-24 所示，若界面中出现一个浮动框，可能就需要使用键盘，如向下选取对应的关键词，再按 Enter 键以完成搜索词的检索工作。

图 6-24　浮动框的显示效果

假设这里需要通过浮动框选择 selenium ide，该怎么做呢？从图 6-24 可以看出，要将鼠标指针移到 selenium ide 选项，需要向下移动 4 次，而后按 Enter 键就可以检索到这个关键词的所有信息了。

在使用键盘操作时，需要导入 selenium.webdriver.common.keys 中的 Keys。

示例代码如下。

```
from selenium import webdriver
from time import sleep
from selenium.webdriver.common.keys import Keys

driver=webdriver.Chrome()
driver.maximize_window()
driver.get("https://cn.bing.com")
driver.find_element_by_name('q').send_keys('selenium')
sleep(1)             #等待1s,目的是让浮动框显示出来
for i in range(4):   #循环四次
    driver.find_element_by_name('q').send_keys(Keys.DOWN)
sleep(10)
driver.find_element_by_name('q').send_keys(Keys.ENTER)
sleep(10)
driver.quit()
```

执行完脚本后，显示的页面信息如图 6-25 所示。

图 6-25　selenium ide 关键词的显示效果

前面介绍了单个键盘事件的处理方法，如果使用全选（Ctrl + A）、复制（Ctrl + C）和粘贴（Ctrl + V）这样的组合键，又该如何处理呢？

这里假设要在"国际版"搜索 selenium 关键词，但是一开始忘记切换到"国际版"了，而直接在"国内版"输入了 selenium。为了避免重新输入，通常会使用快捷键 Ctrl + A（全选），再使用快捷键 Ctrl + C（复制），而后切换到"国际版"，在"输入搜索词"输入框中使用快捷键 Ctrl + V（粘贴），最后单击"搜索网页"按钮，如图 6-26 和图 6-27 所示。

图 6-26　在"国内版"搜索 selenium

图 6-27　在"国际版"搜索 selenium

脚本如下。

```
from selenium import webdriver
from time import sleep
from selenium.webdriver.common.keys import Keys
from selenium.webdriver import ActionChains
```

```
driver=webdriver.Chrome()
driver.maximize_window()
driver.get("https://cn.bing.com")
driver.find_element_by_name('q').send_keys('selenium')
#Ctrl+A 快捷键
ActionChains(driver).key_down(Keys.LEFT_CONTROL).send_keys('a').key_up(Keys.LEFT_
CONTROL).perform()
#Ctrl+C 快捷键
ActionChains(driver).key_down(Keys.LEFT_CONTROL).send_keys('c').key_up(Keys.LEFT_
CONTROL).perform()
#单击"国际版"
driver.find_element_by_id('est_en').click()
#Ctrl+V 快捷键
ActionChains(driver).key_down(Keys.LEFT_CONTROL).send_keys('v').key_up(Keys.LEFT_
CONTROL).perform()
#单击"搜索网页"按钮
driver.find_element_by_name('go').click()
```

在应用快捷键时，需要事先导入 selenium.webdriver.common.keys 中的 Keys 和 selenium.webdriver 中的 ActionChains。

ActionChains(driver).key_down(Keys.LEFT_CONTROL).send_keys('a').key_up(Keys.LEFT_CONTROL).perform()的含义是按 Ctrl + A 快捷键。就像现实生活中的快捷键一样，先按下 Ctrl 键（不松开），然后按 A 键，再松开 Ctrl 键，此时将选中文本框中的所有文本，结合本例就是 selenium。快捷键 Ctrl + C 和 Ctrl + V 的情况类似，这里不再赘述。脚本执行后，将显示图 6-28 所示页面。

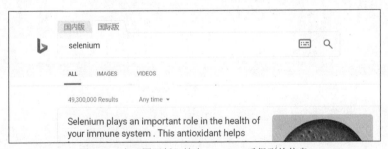

图 6-28　在"国际版"搜索 selenium 后得到的信息

6.9　模拟滚动条操作

当在 Bing 搜索页面上检索到关键词以后，通常内容会很多，因而会出现滚动条，毕竟每一页展现的信息量是有限的，此时就可以通过操作滚动条查看更多检索结果。

在这里，在使用 Bing 搜索引擎检索"异步社区"关键词之后，可通过模拟滚动条来查看搜索结果。

示例代码如下。

```
from selenium import webdriver
from time import sleep

driver=webdriver.Chrome()
driver.set_window_size(800,600)           #调整窗口的分辨率为 800×600 像素
driver.get("https://cn.bing.com")
driver.find_element_by_name('q').send_keys('异步社区')
driver.find_element_by_name('go').click()
for i in range(10):
    driver.execute_script('window.scrollBy(0,40)')   #向下滚动 40 像素
    sleep(2)
```

在上面的脚本中，当检索出"异步社区"的相关信息后，循环执行 10 次。操作滚动条，滚动条每次向下纵向滚动 40 像素，0 代表横向距离，40 代表纵向距离。当然，如果设置横向距离参数为 40，设置纵向距离参数为 0，那就移动横向滚动条。为了突出滚动条操作效果，这里将浏览器窗口的分辨率调整为 800×600 像素，效果如图 6-29 所示。

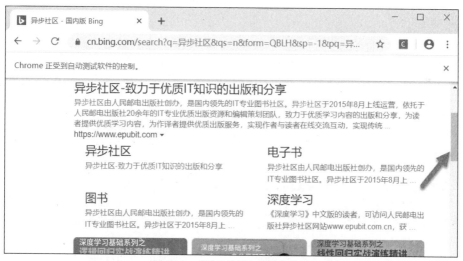

图 6-29 "异步社区"的检索结果

6.10 模拟手机端浏览器

有时候大家可能会有这样的需求，就是想在 PC 端模拟手机端访问指定应用时的显示效果。可以通过修改 Chrome 设置来达到以上目的。打开 Chrome 浏览器，按 F12 键，进入开发者模式，单击 Toggle device toolbar 工具条按钮，如图 6-30 所示。

第 6 章　Selenium 中的其他方法与案例演示

图 6-30　单击 Toggle device toolbar 工具条按钮

接下来，你就会发现 Chrome 浏览器变成了手机端的样式，如图 6-31 所示。

图 6-31　手机端的 Chrome 浏览器样式

打开 Responsive 下拉列表框，从中选择要模拟的手机型号，这里选择模拟 Galaxy S5，如图 6-32 所示。

选择完之后，就会显示 Chrome 浏览器在 Galaxy S5 手机端的样式、屏幕尺寸、显示百分比、手机状态信息等，如图 6-33 所示。

在地址栏中输入 https://cn.bing.com 后按 Enter 键，结果如图 6-34 所示。你同时可以看到 user-agent 对应的内容为 `Mozilla/5.0 (Linux; Android 5.0; SM-G900P Build/LRX21T) AppleWebKit/537.36 (KHTML, like Gecko) Chrome/80.0.3987. 132 Mobile Safari/537.36`。user-agent 对应的中文名为用户代理，作为特殊的字符串头，user-agent 能使服务器识别客户端浏览器使用的操作系统及版本、浏览器版本、渲染引擎、语言等。

6.10 模拟手机端浏览器

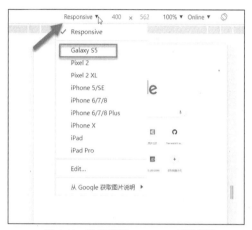

图 6-32 选择模拟 Galaxy S5 手机型号

图 6-33 Chrome 浏览器在 Galaxy S5 手机端的显示效果

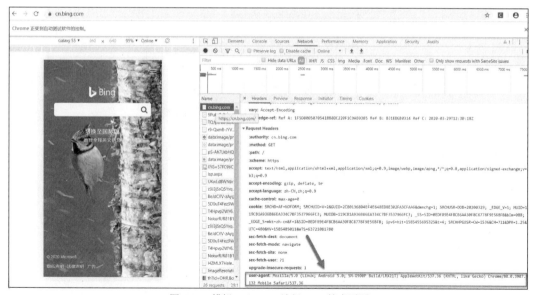

图 6-34 模拟 Galaxy S5 访问 Bing 搜索页面

那么使用 Selenium 是否可以模拟这种情况呢？回答是可以。

可以通过设置 Chrome 浏览器的属性值，在 PC 端模拟手机端浏览器，这里仍以模拟 Galaxy S5 手机端浏览器为例。

示例代码如下：

```
from selenium import webdriver

opt=webdriver.ChromeOptions()
opt.add_argument('user-agent=Mozilla/5.0 (Linux; Android 5.0; SM-G900P Build/LRX21T)
AppleWebKit/537.36 (KHTML, like Gecko) Chrome/80.0.3987.132 Mobile Safari/537.36')
driver=webdriver.Chrome(options=opt)
driver.set_window_size(450,768)
driver.get("https://cn.bing.com")
driver.find_element_by_name('q').send_keys('异步社区')
driver.find_element_by_id('sbBtn').click()
```

不难发现，Selenium 也是通过使用 user-agent 来伪装成手机端浏览器，脚本执行后，将显示如图 6-35 所示页面。需要注意的是，手机端"搜索网页"元素的 id 发生了变化，不是 sb_form_go，而是 sbBtn。所以，大家一定要注意认真查看手机端和 PC 端页面元素的属性信息，否则就有可能出错。

图 6-35　模拟 Galaxy S5 搜索"异步社区"关键词

第 7 章　自动化测试模型

7.1　自动化测试模型概述

在将自动化测试运用于测试工作的过程中,测试人员对使用不同自动化测试工具、测试框架进行的测试活动进行了抽象,总结出线性测试、模块化驱动测试、数据驱动测试和关键字驱动测试这 4 种自动化测试模型。

7.1.1　线性测试

在通过自动化测试工具录制或编写脚本时,按照业务操作步骤产生相应的线性脚本,每个脚本相对独立,不依赖其他脚本。前面章节中的脚本基本上是线性脚本,不知道大家有没有发现这样的脚本存在什么问题呢?是的,这种类型的脚本结构清晰明了,但脚本代码相对冗长。举个例子,假设要在 Bing 搜索页面上搜索某个关键词两次,那么每次都有两行重复性代码,如下所示。

```
from selenium import webdriver
from time import sleep

driver=webdriver.Chrome()
driver.maximize_window()
driver.get("https://cn.bing.com")
driver.find_element_by_name('q').send_keys('异步社区')
driver.find_element_by_name('go').click()
sleep(5)
driver.back()
driver.find_element_by_name('q').send_keys('于涌 loadrunner')
driver.find_element_by_name('go').click()
sleep(5)
driver.quit()
```

如果我们要搜索 10 个关键词,就会有 20 行的重复性代码。

7.1.2 模块化驱动测试

模块化驱动测试借鉴了编程语言的思想,通过将一些经常使用的重复性代码封装成类,或者将它们放到公共模块中封装为函数,从而方便业务脚本调用它们,减少冗余代码。

这里同样给大家举一个例子,演示如何将元素的定位方法放到公共模块中封装为函数。

comm.py 文件的内容如下。

```
from time import sleep

def searchkey(driver,kw):
    driver.find_element_by_name('q').send_keys(kw)
    driver.find_element_by_name('go').click()
    sleep(5)
```

testscript.py 文件的内容如下。

```
from selenium import webdriver
from comm import searchkey

driver=webdriver.Chrome()
driver.maximize_window()
driver.get("https://cn.bing.com")
searchkey(driver,'异步社区')
driver.back()
searchkey(driver,'于涌 loadrunner')
driver.quit()
```

结合以上两个脚本,可以把想要定位的元素放到 comm.py 文件中,封装成名为 searchkey() 的函数,其中包含两条元素定位语句和一条睡眠语句;而后在业务测试脚本 testscript.py 中导入 comm 模块的 searchkey() 函数。只需要调用两次 searchkey() 函数,就相当于执行 6 条语句。可以看出封装后,代码量明显减少。

当然,除了将重复性代码封装成公共函数以外,还可以使用 PageObject 设计模式将页面元素和操作封装成类以进行调用,这将在 7.2 节中详细介绍,这也属于模块化驱动测试。

7.1.3 数据驱动测试

在软件测试过程中,测试人员通常喜欢把数据存放在 Excel 文件、数据库、XML 文件、文本文件或 JSON 文件中。我们在进行业务操作的时候,通常不会始终以同一个用户名登录,特别是在建立一些基础数据时,比如玩游戏时,已经有玩家的名字了,再次创建同名角色就会报错。

数据驱动测试就是将数据库、Excel 文件等作为驱动测试脚本的参数来执行测试的过程,当然,测试结果也有可能被存储到数据库或 Excel 文件中。

这里给大家举一个将 Excel 文件内容作为搜索关键词来驱动测试脚本的例子。

comm.py 文件的内容如下。

```python
from time import sleep
from selenium.webdriver.common.by import By

def searchkey(driver,kw):
    driver.find_element(By.NAME,'q').send_keys(kw)
    driver.find_element(By.NAME,'go').click()
    sleep(5)
```

testscript.py 文件的内容如下。

```python
from selenium import webdriver
from comm import searchkey
import xlrd

driver=webdriver.Chrome()
driver.maximize_window()
driver.get("https://cn.bing.com")
file = 'data.xls'
wb = xlrd.open_workbook(filename=file)        #打开文件
sheet = wb.sheet_by_name('Bing 搜索')          #通过名字搜索 Excel 表格
icount=sheet.nrows
for row in range(1,sheet.nrows):              #不取表头，逐行读取
    kw=sheet.cell(row,0).value                #将第 1 列的每行数据赋给 kw
    searchkey(driver, kw)                     #在每行中搜索关键字
    driver.back()
driver.quit()
```

如果希望成功运行脚本，就必须先安装依赖的用来操作 Excel 文件的 xlrd 和 xlwt 两个模块，如图 7-1 所示。

图 7-1 安装读写 Excel 文件时依赖的两个模块

data.xls 文件的内容如图 7-2 所示。

第 7 章　自动化测试模型

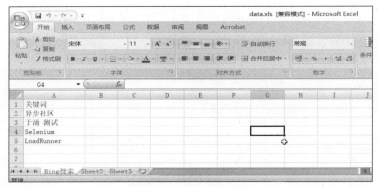

图 7-2　data.xls 文件的内容

执行 testscript.py 脚本文件后，你将发现从第 2 行开始的关键词都被搜索一次，每次搜索后停顿 5s。这就是一个由数据驱动测试的示例，同时你还发现了什么？这里我们是不是组合运用了模块化驱动测试和数据驱动测试呢？

7.1.4　关键字驱动测试

目前比较流行的 Robot Framework 就是关键字驱动测试框架。关键字驱动测试是指基于数据库或 Excel 数据表中配置的"关键字"来驱动脚本，这里以 Excel 数据表为例，给大家看一下数据表中的"关键字"，如图 7-3 所示。

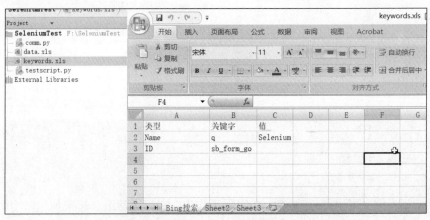

图 7-3　keywords.xls 文件的内容

针对 Bing 搜索，为了方便编写示例脚本，这里准备了 keywords.xls 文件，这个文件的"Bing 搜索"数据表中共包含 3 列数据。第一列为"类型"，为了处理简单，我们在编写脚本前定义了如下规则：对于文本框和按钮元素，通过输入不同的类型来区分，类型为 Name 的需要通过 By.NAME 进行元素定位，同时还表示文本框；类型为 ID 的需要通过 By.ID 进行元素定位，同时还表示按钮。第二列为"关键字"，表示对应不同元素的 name 或 id 属性信息。第三列为"值"，主要针对输入文本框中的数据。

因为这里只是为了展示，所以简单的示例脚本如下。

```python
from selenium import webdriver
from selenium.webdriver.common.by import By
from time import sleep
import xlrd

driver=webdriver.Chrome()
driver.maximize_window()
driver.get("https://cn.bing.com")
file = 'keywords.xls'
wb = xlrd.open_workbook(filename=file)    #打开文件
sheet = wb.sheet_by_name('Bing 搜索')      #通过名字搜索 Excel 表格
icount=sheet.nrows
for row in range(1,sheet.nrows):          #不取表头，逐行读取
    type_kw=sheet.cell(row,0).value       #取得类型
    kw=sheet.cell(row,1).value            #取得关键字
    data=sheet.cell(row,2).value          #取得值
    if type_kw=='NAME':                   #当类型为 NAME 时（根据设定的规则，隐含表示的是文本框）
        if data is not None:              #当值不为空时
            driver.find_element(By.NAME,kw).send_keys(data)   #向文本框发送数据

    if type_kw=='ID':      #当类型为 ID 时（根据设定的规则，隐含表示的是按钮）
        driver.find_element(By.ID,kw).click()
sleep(5)
driver.quit()
```

以上就是一个由关键字驱动测试的示例，是不是非常简单呢？事实上，如果希望脚本代码能够适用于不同的应用以进行自动化测试，那么像这样的规则设定是不行的。因为页面元素的定位方式还有很多，而针对不同的页面元素，它们可能都有 click()等方法。所以，如果希望做成通用的框架，还需要进一步优化、处理。这里只是提供一条思路，便于你认识、理解关键字驱动测试。关键字驱动测试的优点显而易见，只要测试人员理解被测试系统的业务，理解关键字模板中相关列的含义及使用方法，在不会编写 Selenium 脚本的情况下，也能够书写自动化测试用例。

不同的自动化测试模型各有特点，在实际工作中，它们通常组合起来使用。测试团队应结合自身所在企业的特点，因地制宜，选择适当的自动化测试模型来提升工作效率和工作质量。对于规模比较小且缺少自动化测试经验的团队，建议从理解 Selenium 自动化测试框架、掌握元素定位以及不同业务情况的处理方面着手，线性测试无疑是一种好的选择。对于测试团队规模较大、测试人员能力参差不齐、有明确测试分工（如功能测试团队、专项测试团队、自动化测试团队、性能测试团队等）、业务系统多样的企业，建议构建更加适应于团队的定制化专属框架。综上所述，不同的自动化测试模型均有各自的特点，无论是现在还是将来，都有存在的

意义和价值，选择适用于企业自身的自动化测试模型才是最重要的。

7.2 PageObject 设计模式

在 7.1 节，我们讲到了模块化驱动测试。除了将重复性代码封装成公共函数以外，还可以使用 PageObject 设计模式将页面元素和操作封装成类以进行调用，从而减少重复的冗余代码。当后期元素的属性等信息发生变化时，只需要调整页面元素或功能模块封装的代码即可，这极大提高了测试用例的可读性、可维护性和工作效率。

PageObject 设计模式是一种自动化测试的最佳实践方法，概括地讲，就是通过分层的方式将页面对象、操作、业务分开处理。

为了说明问题，这里对线性测试和基于 PageObject 设计模式的模块化驱动测试进行对比。举个例子，假设要在 Bing 搜索页面上搜索关键词两次，那么每次搜索都会产生两行重复性的脚本，如下所示。

```
from selenium import webdriver
from time import sleep

driver=webdriver.Chrome()
driver.maximize_window()
driver.get("https://cn.bing.com")
driver.find_element_by_id('sb_form_q').send_keys('异步社区')
driver.find_element_by_id('sb_form_go').click()
sleep(5)
driver.back()
driver.find_element_by_id('sb_form_q').send_keys('于涌 loadrunner')
driver.find_element_by_id('sb_form_go').click()
sloop(5)
driver.quit()
```

如果我们要搜索 10 个关键词，就会有 20 行重复性代码。

可以基于 PageObject 设计模式对上面的脚本进行设计。前面已经说过，PageObject 设计模式基于页面，通过分层的方式将页面对象、操作、业务分开处理。

在这里，我们先设计公共的 BasePage 页面类，因为目前只针对 Bing 搜索，所以将 base_url 直接赋值为 https://cn.bing.com。

BasePage.py 文件的内容如下。

```
class BasePage():
    def __init__(self,driver):          #基础页面构造函数，初始化
        self.driver=driver
        self.base_url='https://cn.bing.com'
        self.timeout=15
```

```python
def open(self):
    self.driver.maximize_window()
    self.driver.get(self.base_url)

#元素定位方法，*loc 表示可以传入个数不确定的参数
def find_element(self,*loc):
    return self.driver.find_element(*loc)
```

结合上面的脚本，我们需要重点说明的是 find_element(self, *loc)，它利用了 WebDriver 的 find_element()方法。但是大家知道，在定位单个页面元素时，必须指定两个参数：一个用于选择元素定位方式，另一个表示具体的 id、name、class 属性值。这里因为不确定使用哪种定位方式，所以采用了一种非常灵活的处理方式，可以接收任意数量的传入参数。当然，在传入参数时，可以指定是通过 id 还是其他方式定位页面元素。

接下来开始封装页面对象、操作和业务，这里我们实现了 SearchPage 页面类。SearchPage.py 文件的内容如下。

```python
from BasePage import *
from time import sleep
from selenium.webdriver.common.by import By

class SearchPage(BasePage):
    keyword_loc=(By.ID,'sb_form_q')      #id 方式，"输入搜索词"输入框对应的 id
    submit_loc=(By.ID,'sb_form_go')      #id 方式，"搜索页面"按钮对应的 id

    def type_keyword(self,kw):
        self.find_element(*self.keyword_loc).clear()              #清空"输入搜索词"输入框
        self.find_element(*self.keyword_loc).send_keys(kw)        #搜索通过"输入搜索词"输入框
                                                                  #传入的 kw 参数

    def submit(self):
        self.find_element(*self.submit_loc).click()               #单击"搜索页面"按钮

    def test_searchkeyword(self,driver,kw):
        self.open()
        self.type_keyword(kw)
        self.submit()
        sleep(5)
```

从以上代码不难发现，SearchPage 页面类继承了 BasePage 类。SearchPage 页面类需要操作两个页面元素，并指定以元组的形式存储"输入搜索词"输入框和"搜索页面"按钮的 id 信息，然后赋给 keyword_loc 和 submit_loc。当然，如果业务需要，还可以将页面的所有链接等页面元素也加入进来，但是由于用例设计不涉及其他页面元素，因此我们只取这两个页面元素。而后，指定针对这两个页面元素的操作方法，type_keyword()方法针对"输入搜索词"输

入框，submit()方法针对"搜索页面"按钮。需要说明的是，它们将前面定义的 keyword_loc 和 submit_loc 分别以参数的形式传给了 type_keyword()和 submit()方法。为什么要这么做呢？这样做的好处有很多。比如，假设修改了页面，取消了 id 属性，那么如果需要对使用线性模式编写的脚本进行修改，就需要将 find_element_by_id()方法全部换成 find_element_by_name()或其他方法，同时对应的 id 属性也需要换成 name 等属性。这是多么可怕的一件事情。而采用这种方式，只需要修改两行代码即可，将 by.id 变成 by.name，并将后面的 id 属性值替换为 name 属性值即可，是不是很方便呢？test_searchkeyword()方法用于搜索的业务处理。

接下来编写一个测试用例，名为 TC_searchkeyword.py。

TC_searchkeyword.py 文件的内容如下。

```
from SearchPage import *
from selenium import webdriver
from time import sleep

driver=webdriver.Chrome()                            #指定浏览器驱动程序为 Chrome 浏览器驱动程序
Spage=SearchPage(driver)                             #实例化 SearchPage 类并赋给 Spage
Spage.test_searchkeyword(driver,'异步社区')           #调用搜索页面，搜索关键字
driver.back()
Spage.test_searchkeyword(driver,'于涌 loadrunner')    #调用搜索页面，搜索关键字
driver.quit()                                        #关闭 Chrome 浏览器驱动程序
```

执行 TC_searchkeyword.py，将会自动打开 Chrome 浏览器并访问 Bing 搜索页面，搜索"异步社区"和"于涌 loadrunner"这两个关键词时，将各自停留 5s，而后关闭 Chrome 浏览器驱动程序。

也许有的读者会认为，这没有 PageObject 设计模式方便，反而更麻烦。初学者可能感觉是这样，但是试想一下，如果每天要将数十个测试用例实现为自动化脚本，而后发现采用的元素定位方式突然发生变化了，结果会是什么样子呢？所以，PageObject 设计模式适用于实际的自动化测试工作实践。在测试用例中，可以设计要在哪种类型的浏览器中执行、要输入哪种类型的测试数据等，也更加容易对元素进行定位、操作，以及对业务逻辑和测试数据进行修改与完善，从而提高每个类的内聚性，降低各个类之间的耦合度。

第8章 自动化测试框架的设计与工具应用

无论是 Python 还是 Selenium，它们都提供了非常丰富的 API 函数和优秀的框架，但是如何将它们更好地联系起来？如何让它们的结合更紧密、更易用，从而适用于更广泛的测试人员？即使面对的是纯粹的功能测试人员，如何才能让他们能够非常快地了解、掌握、使用自动化测试框架？这些都是十分典型的实际问题。在企业的测试团队中，不可能所有的测试人员都擅长使用 Selenium、Python，那么有没有什么办法让测试人员在不擅长编程的情况下，又能完成自动化测试工作呢？回答是肯定的，为了更好地让不同企业、不同层次的测试人员协同工作，很多企业都基于 Python 和 Selenium 进行了二次开发，创建了实用的测试平台或测试框架。当然，目前也有像 Robot Framework 这样简单、易用的开源框架供大家使用。无论是选择使用开源的 Robot Framework + 第三方库还是自行开发自动化测试框架/平台，都可以完成自动化测试工作。但是，如何有效利用 Python 的相关资源，帮我们完成用例组织、日志管理、测试报告的生成以及测试报告邮件的发送？这些平台拥有的功能通常也是我们进行平台开发的基础性内容。

8.1 UnitTest 单元测试框架的应用

UnitTest 是 Python 编程语言的单元测试框架，它的设计灵感最初来源于 JUnit 以及其他语言中具有共同特征的单元测试框架。

可通过访问 UnitTest 官网来阅读关于 UnitTest 的详细信息，这里我们引用上面的部分描述信息。

UnitTest 支持自动化测试，支持在测试中使用 setUp 和 tearDown 操作，并且可以组织测试用例为套件（批量运行），以及把测试和报告独立开来。

为了实现以上这些功能，UnitTest 以一种面向对象的方式产生了一些很重要的概念。

- 测试固件（Test Fixture）：测试运行前需要做的准备工作以及结束后的清理工作。例如，创建临时/代理数据库、目录以及启动服务器进程。

- 测试用例（Test Case）：单元测试中的最小个体，用于检查特定输入的响应信息。测试用例提供了基础类 TestCase，用来创建测试用例。
- 测试套件（Test Suite）：测试用例的合集，通常使用测试套件将测试用例汇总，然后一起执行。
- 测试运行器（Test Runner）：可以执行测试用例并提供测试结果给用户，还可以提供图形界面、文本界面或返回值来表示测试结果。

这里为了让大家能够深入掌握 UnitTest 单元测试框架的用法，仍以 Bing 搜索为例，结合 Selenium + UnitTest 进行讲解。

8.1.1 测试用例的设计

这里仅以 Bing 搜索业务为例进行测试用例的设计。在进行用例设计时，通常测试人员需要考虑很多内容，包括正常搜索词（如单个关键词、组合关键词、中文关键词、英文关键词等）的搜索，异常搜索词（如 null、HTML 标签、JavaScript 脚本、屏蔽词、标点符号等）的输入情况。

为便于大家理解，这里将正常与异常测试用例整理成表 8-1 和表 8-2。

表 8-1 正常测试用例（Bing 搜索的功能性测试）

序号	输入	预期输出
1	打开 Bing 搜索页面 输入"异步社区" 单击"搜索"按钮	正常显示 Bing 搜索页面 可输入中文，可对输入的文本进行编辑、删除等，不超过 100 个字符 "搜索"按钮可单击并处理搜索业务逻辑，正确显示搜索结果
2	打开 Bing 搜索页面 输入"于涌 loadrunner" 单击"搜索"按钮	正常显示 Bing 搜索页面 可输入多个关键词 "搜索"按钮可单击并处理搜索业务逻辑，正确显示搜索结果
3	打开 Bing 搜索页面 输入 loadrunner 单击"搜索"按钮	正常显示 Bing 搜索页面 可输入英文关键词 "搜索"按钮可单击并处理搜索业务逻辑，正确显示搜索结果
⋮	⋮	⋮

表 8-2 异常测试用例（Bing 搜索的功能性测试）

序号	输入	预期输出
1	打开 Bing 搜索页面 输入单个或多个空格 单击"搜索"按钮	正常显示 Bing 搜索页面 自动过滤空格 "搜索"按钮可单击但不进行搜索，保持 Bing 搜索页面，不显示搜索结果
2	打开 Bing 搜索页面 输入 110 个字符'a' 单击"搜索"按钮	正常显示 Bing 搜索页面 自动截取，只保留 100 个字符'a' "搜索"按钮可单击并进行搜索，正确显示搜索结果

续表

序号	输入	预期输出
3	打开 Bing 搜索页面 输入\\ 单击"搜索"按钮	正常显示 Bing 搜索页面 允许输入转义字符等其他符号 "搜索"按钮可单击并进行搜索，正确显示搜索结果
⋮	⋮	⋮

由于本书并非专门讲解测试用例的设计，所以在测试用例的设计上，正常、异常的功能性测试用例各取 3 个。

8.1.2 测试用例的实现

接下来，我们一起实现测试用例的相关代码。

BasePage.py 脚本文件的内容如下。

```python
class BasePage():
    def __init__(self,driver):
        self.driver=driver
        self.base_url='https://cn.bing.com'
        self.timeout=15

    def open(self):
        self.driver.maximize_window()
        self.driver.get(self.base_url)

    #元素定位法，*loc 表示可以传入的参数数量不确定
    def find_element(self,*loc):
        return self.driver.find_element(*loc)
```

打开 Bing 搜索页面，尝试搜索，若对应的关键词不存在搜索结果，则会显示与图 8-1 相似的页面信息；若对应的关键词存在搜索结果，则出现与图 8-2 相似的页面信息。

图 8-1 搜索不到对应关键词的显示信息

图 8-2 搜索到对应关键词的显示信息

在设计测试用例时，需要至少加入一个断言，以验证测试用例的实际执行结果和预期结果是否一致。若一致，则代表成功；若不一致，则说明可能存在 Bug。因此，下面对 SearchPage.py 脚本文件进行完善，针对 test_searchkeyword()方法，新加入 no_expect 参数。若这个参数没有出现在相应的源代码中，则断言成功；否则，断言失败。

SearchPage.py 脚本文件的内容如下。

```python
class SearchPage(BasePage):
    keyword_loc=(By.ID,'sb_form_q')
    submit_loc=(By.ID,'sb_form_go')

    def type_keyword(self,kw):
        self.find_element(*self.keyword_loc).clear()
        self.find_element(*self.keyword_loc).send_keys(kw)

    def submit(self):
        self.find_element(*self.submit_loc).click()

    def test_searchkeyword(self,driver,kw,no_expect):
        self.open()
        self.type_keyword(kw)
        self.submit()
        sleep(5)
        assert(no_expect not in driver.page_source)
```

UnitTest 是 Python 自带的单元测试框架，在应用 UnitTest 设计测试用例时，必须继承 unittest.TestCase 类。

以下为针对前面内容设计的功能性测试用例，对应的 UnitTest 单元测试代码如下。

TC_Bing_Search.py 脚本文件的内容如下。

```python
import unittest
from SearchPage import *
from selenium import webdriver

class bing_search(unittest.TestCase):
    #正常输入情况的 3 个用例
```

8.1 UnitTest 单元测试框架的应用

```python
    def test_ok_cn(self):
        self.driver = webdriver.Chrome()
        Spage = SearchPage(self.driver)        #输入纯中文搜索词
        Spage.test_searchkeyword(self.driver, r'异步社区', '没有与此相关的结果')
        self.driver.quit()

    def test_ok_en(self):
        self.driver = webdriver.Chrome()
        Spage = SearchPage(self.driver)        #输入纯英文搜索词
        Spage.test_searchkeyword(self.driver, r'loadrunner', '没有与此相关的结果')
        self.driver.quit()

    def test_ok_cnanden(self):
        self.driver = webdriver.Chrome()
        Spage = SearchPage(self.driver)        #输入中英文混合搜索词
        Spage.test_searchkeyword(self.driver, r'于涌 loadrunner', '没有与此相关的结果')
        self.driver.quit()

# 异常输入情况的 3 个用例
    def test_no_blank(self):
        self.driver = webdriver.Chrome()
        Spage = SearchPage(self.driver)        #输入空格
        Spage.test_searchkeyword(self.driver, r'  ', '没有与此相关的结果')
        self.driver.quit()

    def test_no_longcha(self):
        self.driver = webdriver.Chrome()
        Spage = SearchPage(self.driver)        #输入110个字符'a'
        Spage.test_searchkeyword(self.driver, 110*'a', '没有与此相关的结果')
        self.driver.quit()

    def test_no_escape(self):
        self.driver = webdriver.Chrome()
        Spage = SearchPage(self.driver)        #输入转义字符
        Spage.test_searchkeyword(self.driver, r'\\', '没有与此相关的结果')
        self.driver.quit()
```

从以上 UnitTest 测试代码可以看到，通常情况下我们会在一个测试类中创建多个测试用例，每个测试用例为测试类的一个方法。

测试用例的 3 个要素是输入、预期输出和实际输出。根据操作步骤，若实际的执行结果和预期的结果不一致，则有可能发现 Bug。那么在 UnitTest 中，如何对实际执行结果和预期结果是否一致进行判断呢？答案就是利用断言。以上代码就用到了一个我们平时经常使用的断言方法——assert()断言方法。那么在日常工作中我们还会用到哪些断言方法呢？这里为大家总结一下，参见表 8-3。

表 8-3 常用的断言方法

序号	名称	用途
1	assertEqual(a, b)	若 a 和 b 相等，则通过；否则，失败
2	assertNotEqual(a, b)	若 a 和 b 不相等，则通过；否则，失败
3	assertTrue(x)	若 x 为 True，则通过；否则，失败
4	assertFalse(x)	若 x 为 False，则通过；否则，失败
5	assertIs(a, b)	若 a 和 b 是相同的对象，则通过；否则，失败
6	assertIsNot(a, b)	若 a 和 b 是不同的对象，则通过；否则，失败
7	assertIsNone(x)	若 x 为 None，则通过；否则，失败
8	assertIsNotNone(x)	若 x 不为 None，则通过；否则，失败
9	assertIn(a, b)	若 a in b 表达式成立，则通过；否则，失败
10	assertNotIn(a, b)	若 a not in b 表达式成立，则通过；否则，失败
11	assertIsInstance(a, b)	若 isInstance(a, b)成立，则通过；否则，失败
12	assertNotIsInstance(a, b)	若 isInstance(a, b)不成立，则通过；否则，失败

当需要执行 TC_Bing_Search.py 脚本文件中的测试用例时，每次只能执行鼠标指针所在位置的测试用例。例如，为了执行 test_ok_cn()测试用例，需要将鼠标指针定位到这个测试用例所在的区域，而后右击，在弹出的快捷菜单中选择 Run 'Unittest test_ok_cn' 选项，如图 8-3 所示。

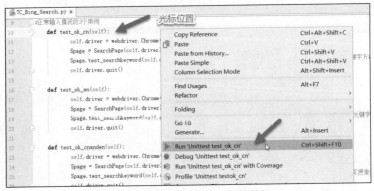

图 8-3　执行 test_ok_cn()测试用例

test_ok_cn()测试用例执行完之后，将显示图 8-4 所示的信息（彩色效果请参见文前彩插）。绿色代表成功，说明预期结果和实际执行结果一致；橙色说明预期结果和实际执行结果不一致。

对于我们设计的 6 个测试用例，从设计者的角度讲都应该能够搜索出对应的关键词结果，那么事实上会是这样吗？

如图 8-5 所示，在执行 test_no_escape()测试用例时，出现了断言失败的情况。也就是在搜索\\时，出现了"没有与此相关的结果"，如图 8-6 所示。

8.1 UnitTest 单元测试框架的应用

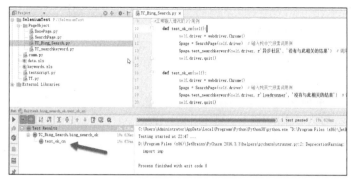

图 8-4　test_ok_cn()测试用例执行后的相关信息

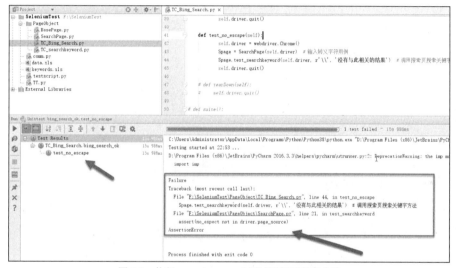

图 8-5　执行 test_ok_escape()测试用例后断言失败

图 8-6　在执行 test_ok_escape()测试用例的过程中显示的页面信息

正常情况下，我觉得应该能够搜索出与编程相关的转义字符处理信息，这有可能是 Bing 搜索引擎存在的 Bug，这里不再赘述。

1. 测试固件

不知道读者是否发现 TC_Bing_Search.py 脚本文件存在的一个问题，就是每个测试用例中都存在加载 Chrome 浏览器驱动程序、创建 SearchPage 页面实例、关闭浏览器驱动程序的重复性代码？那么有没有什么办法可以解决这个问题，使代码看起来更优雅呢？回答是肯定的，这就需要用到测试固件（test fixture）。

测试固件是指测试运行前需要做的准备工作以及结束后的清理工作。我们可以应用测试固件 setUp()来完成测试用例的初始化工作，将加载 Chrome 浏览器驱动程序、创建 SearchPage 页面实例放到 setUp()部分，再将关闭浏览器驱动程序放到 tearDown()部分，这样的好处是代码简洁明了，便于修改。让我们看一下修改后的代码。

TC_Bing_Search.py 脚本文件的内容如下。

```python
import unittest
from SearchPage import *
from selenium import webdriver

class bing_search(unittest.TestCase):
    def setUp(self):
        self.driver=webdriver.Chrome()
        self.Spage = SearchPage(self.driver)

#正常输入情况的 3 个用例
    def test_ok_cn(self):
        self.Spage.test_searchkeyword(self.driver, r'异步社区', '没有与此相关的结果')

    def test_ok_en(self):
        self.Spage.test_searchkeyword(self.driver, r'loadrunner', '没有与此相关的结果')

    def test_ok_cnanden(self):
        self.Spage.test_searchkeyword(self.driver, r'于涌loadrunner', '没有与此相关的结果')

#异常输入情况的 3 个用例
    def test_no_blank(self):
        self.Spage.test_searchkeyword(self.driver, r' ', '没有与此相关的结果')

    def test_no_longcha(self):
        self.Spage.test_searchkeyword(self.driver, 110*'a', '没有与此相关的结果')

    def test_no_escape(self):
        self.Spage.test_searchkeyword(self.driver, r'\\', '没有与此相关的结果')
```

```
def tearDown(self):
    self.driver.quit()
```

观察以上代码,是不是简洁清晰了很多呢?在测试脚本中应用测试固件 setUp()和 tearDown()是非常好的习惯,setUp()用来完成相关测试的相关初始化工作,tearDown()则用来完成测试结束后的清理工作。

2. 测试套件

前面我们已经实现了很多测试用例,那么如何将这些测试用例组织起来,决定哪些测试用例执行,哪些测试用例不执行呢?就像我们在测试软件产品的大版本时,通常会执行全部的测试用例,而在发布补丁时通常仅仅修复 Bug 以及执行与之相关的功能测试用例一样,在执行自动化测试时,也需要针对实际情况,因地制宜,选择合适的测试用例集来执行。可以应用测试套件(test suite)来决定执行哪些测试用例。

如果需要执行全部的测试用例,可以通过如下方式来实现。

```python
import unittest
from SearchPage import *
from selenium import webdriver

class bing_search(unittest.TestCase):
    def setUp(self):
        self.driver=webdriver.Chrome()
        self.Spage = SearchPage(self.driver)

    #正常输入情况下的 3 个用例
    def test_ok_cn(self):
        self.Spage.test_searchkeyword(self.driver, r'异步社区', '没有与此相关的结果')

    def test_ok_en(self):
        self.Spage.test_searchkeyword(self.driver, r'loadrunner', '没有与此相关的结果')

    def test_ok_cnanden(self):
        self.Spage.test_searchkeyword(self.driver, r'于涌loadrunner', '没有与此相关的结果')

    #异常输入情况下的 3 个用例
    def test_no_blank(self):
        self.Spage.test_searchkeyword(self.driver, r' ', '没有与此相关的结果')

    def test_no_longcha(self):
        self.Spage.test_searchkeyword(self.driver, 110*'a', '没有与此相关的结果')

    def test_no_escape(self):
```

```
            self.Spage.test_searchkeyword(self.driver, r'\\', '没有与此相关的结果')

    def tearDown(self):
        self.driver.quit()

def suite():
    bing_test = unittest.makeSuite(bing_search, "test")
    return bing_test
```

从以上代码可以看出,为了让代码阅读起来更加方便、易懂,这里添加了 suite()函数。可以看到 bing_test =unittest.makeSuite(bing_search, "test"),这行代码非常重要。unittest.makeSuite(bing_search, "test")可以将测试类 bing_search 中所有以 test 开头的测试用例都添加到测试套件中,再将测试套件赋给 bing_test。

那么如果不想执行某些测试用例,该怎么办呢?其实最简单的方法是将不想执行的某些测试用例前面的 test 改成其他值,比如将 def test_no_escape(self)改为 def attest_no_escape(self),于是这个测试用例将不被执行。

3. 测试运行器(Test Runner)

怎么才能让这些测试用例正常运行并且提供一些格式化的报表呢?这就需要测试运行器大显神通了。测试运行器可以执行测试用例并提供测试结果给用户,还可以提供图形界面、文本界面或返回值来表示测试结果。

这里仍然以 Bing 搜索为例,提供完整的包含正常、异常测试用例的脚本。

TC_Bing_Search.py 脚本文件的内容如下。

```
import unittest
from SearchPage import *
from selenium import webdriver

class bing_search(unittest.TestCase):
    def setUp(self):
        self.driver=webdriver.Chrome()
        self.Spage = SearchPage(self.driver)

#正常输入情况下的 3 个用例
    def test_ok_cn(self):
        self.Spage.test_searchkeyword(self.driver, r'异步社区', '没有与此相关的结果')

    def test_ok_en(self):
        self.Spage.test_searchkeyword(self.driver, r'loadrunner', '没有与此相关的结果')

    def test_ok_cnanden(self):
        self.Spage.test_searchkeyword(self.driver, r'于涛loadrunner', '没有与此相关的结果')
```

```
#异常输入情况下的 3 个用例
    def test_no_blank(self):
        self.Spage.test_searchkeyword(self.driver, r' ', '没有与此相关的结果')

    def test_no_longcha(self):
        self.Spage.test_searchkeyword(self.driver, 110*'a', '没有与此相关的结果')

    def attest_no_escape(self):
        self.Spage.test_searchkeyword(self.driver, r'\\', '没有与此相关的结果')

    def tearDown(self):
        self.driver.quit()

def suite():
    bing_ok_test = unittest.makeSuite(bing_search, "test")
    return bing_ok_test

if __name__ == "__main__":
    runner = unittest.TextTestRunner()
    runner.run(suite())
```

以上代码中有这样一行代码——runner = unittest.TextTestRunner()。TextTestRunner 类就是测试运行器，这里创建了一个 TextTestRunner 实例对象 runner。runner 对象的 run()方法可以指定要运行的测试套件。

现在让我们看一下执行效果，如图 8-7～图 8-9 所示。

图 8-7　UnitTest 执行结果

如图 8-7 所示（彩色效果请参见文前彩插），我们执行了 Bing 搜索的 6 个测试用例。在标号为 1 的区域，我们使用不同的颜色清晰地表示了哪些测试用例是成功的、哪些测试用例是失败的。绿色的代表成功的测试用例，而橙色的代表失败的测试用例。每一个小的测试用例的后面都有相应的执行时间以及耗费的总时间。标号为 2 的区域则以横条展示了执行结果，查看最终的执行结果，看看是否有失败的测试用例。若所有测试用例均执行成功，则以绿条显示；若有执行失败的测试用例，则以红条显示。本次测试中一共执行了 6 个测试用例，其中有一个执行失败了，所以用红条显示。同样，后面显示了总的执行时间。标号为 3 的区域以文本方式显示了每个测试用例的执行结果。若有执行失败的测试用例，也就是存在断言和预期不一致的测试用例，则会给出相应的错误消息，类似于 AssertionError 等。看了这些内容，你是不是觉得 UnitTest 很贴心呢！

如图 8-8 所示，有时候你可能不想展示执行成功的测试用例，只需要将标识为 1 的箭头指向的图标按钮取消选中，就可以取消显示了。单击标识为 2 的图标按钮，可以将本次执行结果以 HTML、XML 或用户自定义模板的形式导出，这里我们以 HTML 形式导出，导出后的 HTML 参见图 8-9。

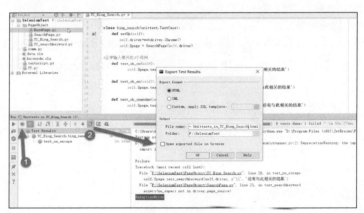

图 8-8　导出执行结果

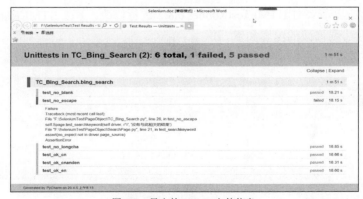

图 8-9　导出的 HTML 文件信息

如图 8-9 所示（彩色效果请参见文前彩插），可以看到 UnitTest 展示了一份比较完善的测试报告，用绿色竖线标识成功执行的测试用例，用红色竖线标识执行失败的测试用例。每个测试用例的执行结果还有文字标识（passed 或 failed）和执行耗时（单位为秒）等信息。

8.2 测试报告的生成

一份美观、实用的测试报告无疑能方便阅读者抓住测试用例执行结果的重点，快速、直观地看到本次执行的结果信息、反馈存在的问题，所以测试报告非常重要。

在 8.1 节中，我们已经看到了 UnitTest 产生的测试报告比较简洁、实用，但在这里我将介绍更美观、大方的 HTMLTestRunner，它似乎更符合我们的阅读习惯。HTMLTestRunner 是对 UnitTest 的扩展，可以非常容易地产生一份 HTML 测试报告，目前最新版本是 0.8.2，如图 8-10 所示。

图 8-10　HTMLTestRunner 的介绍性信息

需要注意的是，HTMLTestRunner 0.8.2 是基于 Python 2 语法设计的，但目前主流的 Python 版本是 Python 3，所以需要对 HTMLTestRunner 0.8.2 进行修改。下载 HTMLTestRunner.py 文件后，对它进行修改，要修改的内容如下。

将第 94 行的 import StringIO 修改为 import io。
将第 539 行的 self.outputBuffer = StringIO.StringIO() 修改为 self.outputBuffer = io.StringIO()。
将第 631 行的 print >> sys.stderr, '\nTime Elapsed: %s' % (self.stopTime-self.startTime) 修改为 sys.stderr.write('\nTime Elapsed: %s\n' % (self.stopTime - self.startTime))。
将第 642 行的 if not rmap.has_key(cls): 修改为 if not cls in rmap:。
将第 766 行的 uo = o.decode('latin-1') 修改为 uo = e。
将第 772 行的 ue = e.decode('latin-1') 修改为 ue = e。

修改完之后，将 HTMLTestRunner.py 文件复制到 Python 安装目录的 Lib 文件夹下，如图 8-11 所示。

第 8 章　自动化测试框架的设计与工具应用

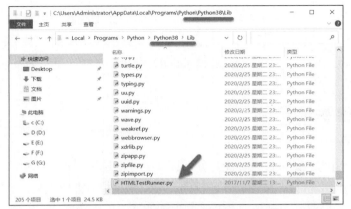

图 8-11　HTMLTestRunner.py 文件的存放路径

为了让大家看起来更一目了然，这里对前期编写的代码进行了归类，目录结构如图 8-12 所示。

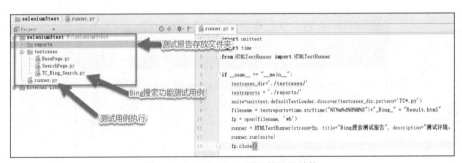

图 8-12　selenium3test 项目的目录结构

如图 8-12 所示，我们创建了一个新的项目 selenium3test，同时为这个项目创建了一个名为 reports 的子文件夹，用来存放测试报告。我们还创建了另一个名为 testcases 的子文件夹，用来存放页面基类（BasePage.py）、页面类（ScarchPage.py）和功能测试用例类（TC_Bing_Search.py）。测试用例的运行脚本存放在项目的根目录下，名为 runner.py。显而易见，runner.py 用来驱动测试用例的执行并生成测试报告。

让我们一起来看一下如何应用 HTMLTestRunner。

runner.py 脚本文件的内容如下。

```
import unittest
import time
from HTMLTestRunner import HTMLTestRunner

if __name__ == "__main__":
    testcases_dir='./testcases/'
    testreports = './reports/'
    suite=unittest.defaultTestLoader.discover(testcases_dir,pattern='TC*.py')
```

8.2 测试报告的生成

```
filename = testreports+time.strftime("%Y%m%d%H%M%S")+"_Bing_" + "Result.html"
fp = open(filename, 'wb')
runner = HTMLTestRunner(stream=fp, title="Bing 搜索测试报告", description="测试环境：
                        Windows 10（64 位）浏览器：80.0.3987.132（正式版本）(64 位)")
runner.run(suite)
fp.close()
```

下面让我们分析一下上面的脚本。这里首先导入了 HTMLTestRunner，在主函数中分别将测试用例和测试报告的存放路径赋给 testcases_dir 和 testreports。defaultTestLoader 类的 discover() 方法可根据指定的测试用例存放路径及测试用例文件，将查找到的测试用例组装到测试套件中，这里所有的测试用例脚本文件均以 TC 开头，如 Bing 搜索的测试用例类（TC_Bing_Search.py）。若后续有其他业务功能需要编写测试用例，也需要遵守以上规则。当然，也可以根据自身团队的脚本命名规则将 TC 换成其他内容。对于测试报告的命名，这里采用的是"测试报告存放路径 + 年月日时分秒 + _Bing_ + Result.html"的方式，类似于 ./reports/20200406212009_Bing_Result.html。而后，我们创建了一个 HTMLTestRunner 实例 runner，按住 Ctrl 键并单击 HTMLTestRunner 可以查看 HTMLTestRunner 类的构造函数，如图 8-13 所示。HTMLTestRunner 类的构造函数有 4 个参数——stream、verbosity、title 和 description。其中 stream 为必填参数，其他参数均有默认值可以选填。

- stream 参数：用于指定生成的测试报告。
- verbosity 参数：用于指定日志的级别，默认值为 1。
- title 参数：用于指定测试报告的标题信息，默认值为 None。在这里，测试报告的标题为"Bing 搜索测试报告"。
- description 参数：用于指定测试用例的描述信息，默认值为 None。这里笔者结合本次测试，填写的描述信息为测试运行时的操作系统和浏览器版本信息："测试环境：Windows 10（64 位）浏览器：80.0.3987.132（正式版本）(64 位)"。

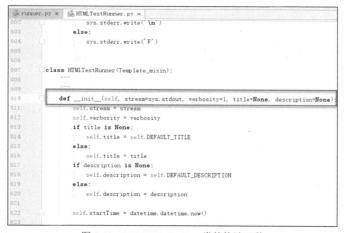

图 8-13 HTMLTestRunner 类的构造函数

第 8 章　自动化测试框架的设计与工具应用

HTMLTestRunner 类的 run() 方法用来指定要运行的测试套件（或者说测试用例集）。最后，关闭测试报告文件，防止产生内存泄漏问题。

运行 runner.py 后，你将发现在 reports 子文件夹中会产生相应的测试报告文件，如图 8-14 所示。

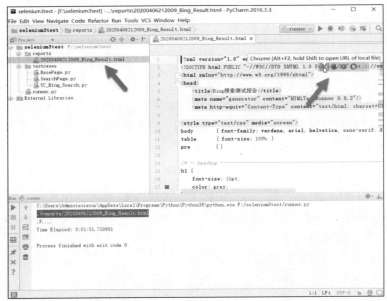

图 8-14　测试报告文件

如图 8-14 所示，可以选择本机已安装的浏览器，打开测试报告，内容如图 8-15 所示。

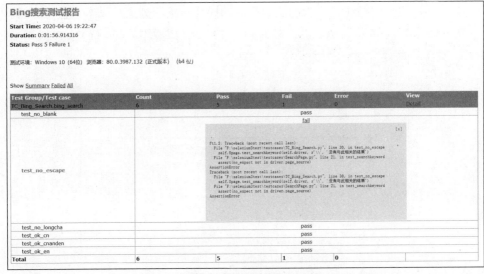

图 8-15　测试报告的内容

8.2 测试报告的生成

如图 8-15 所示，在测试报告中，你将会看到测试的执行时间、持续运行时间、用例执行的状态信息（5 个通过，1 个失败）。针对执行失败的测试用例，还可以查看对应的日志信息。

如果需要在每个测试用例的后面显示对应的中文描述信息，则需要在对应的功能测试用例类中添加中文描述信息，形式如图 8-16 所示。

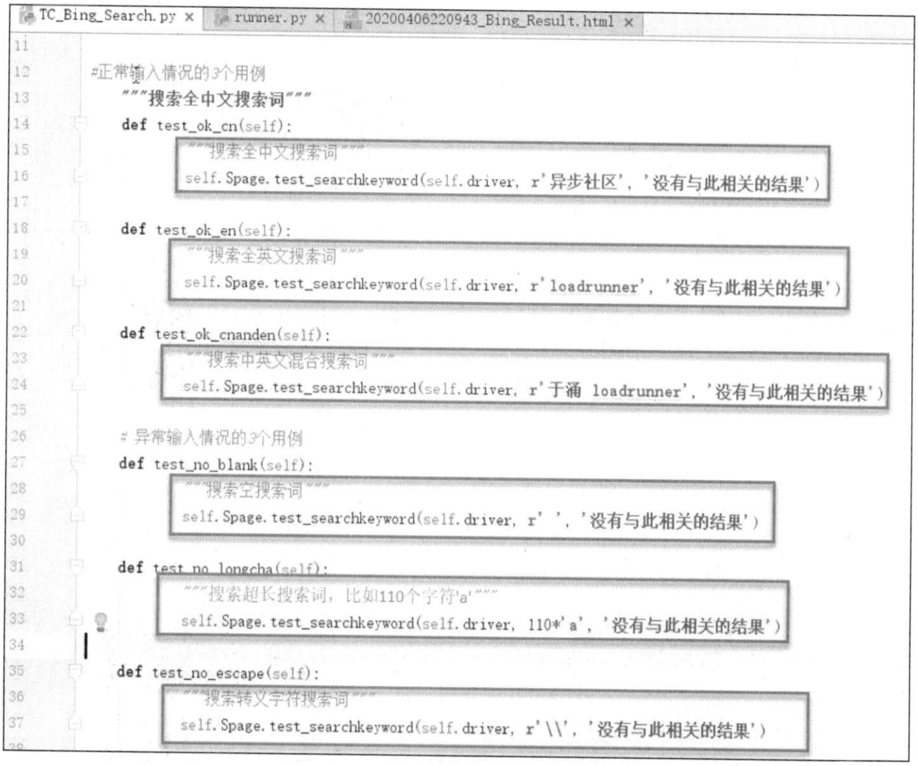

图 8-16 添加测试用例的中文描述信息

需要说明的是，添加测试用例的中文描述信息时，每条描述信息必须以 """中文描述"""的形式实现，并且要保持和下方语句的缩进相同，否则会报语法错误。

为测试用例添加了中文描述信息后的测试报告如图 8-17 所示。

当然，这份测试报告还有一些不太完美的地方，例如，报告用英文显示、页面显示简洁但不美观、缺少直观的统计类图表，等等。如果需要，可以到 GitHub 上搜索关于 HTMLTestRunner 的更多内容，你会惊喜地发现很多基于 HTMLTestRunner 的二次开发项目。有的把测试报告汉化了，有的针对测试用例的执行情况做了更直观的图表，有的针对执行失败的测试用例做了再次执行等，如图 8-18 所示。这些二次开发项目无疑会为自动化测试提供好的借鉴和支持。

第 8 章　自动化测试框架的设计与工具应用

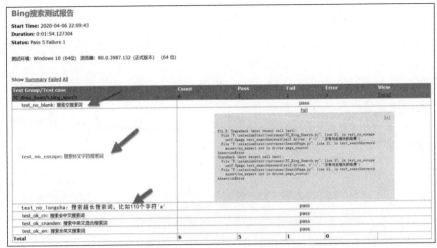

图 8-17　为测试用例添加了中文描述信息后的测试报告

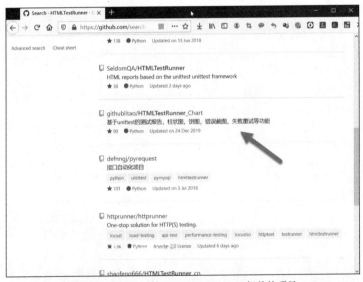

图 8-18　GitHub 上与 HTMLTestRunner 相关的项目

8.3　测试报告的发送

通常，自动化测试每次完成后会产生测试报告。能不能将测试报告自动发送给相关干系人，使他们及时了解被测试项目的情况呢？

Python 提供了与邮件发送相关的两个模块——smtplib 和 email 模块。smtplib 模块主要负责发送邮件，email 模块主要负责构建邮件。

send_mail.py 脚本文件的内容如下。

8.3 测试报告的发送

```python
from email.mime.text import MIMEText
from email.mime.image import MIMEImage
from email.mime.base import MIMEBase
from email.mime.multipart import MIMEMultipart
from email import encoders
import smtplib
import time

def send_mail(subject):
    email_server = 'smtp.qq.com'        #服务器地址
    sender = '17xxxxxxx@qq.com'          #发件人
    password = 'gamtxxxxxxxxxxxx'        #16位授权码
    receiver = ['bugsend@163.com', 'testerteams@163.com'] #收件人,此处我们指定了两个收件人

    msg = MIMEMultipart()
    msg['Subject'] = subject             #邮件标题
    msg['From'] = '17xxxxxxx @qq.com<17xxxxxxx@qq.com>'  #邮件中显示的发件人别称
    msg['To'] = ";".join(receiver)       #收件人

    #正文中的图片,使用HTML格式放置图片
    mail_msg = '<p><img src="cid:image1"></p>'
    msg.attach(MIMEText(mail_msg, 'html', 'utf-8'))
    #指定图片
    fp = open(r'testimage.png', 'rb')
    msgImage = MIMEImage(fp.read())
    fp.close()
    #定义图片id,从而在HTML文本中引用
    msgImage.add_header('Content-ID', '<image1>')
    msg.attach(msgImage)

    conttype = 'application/octet-stream'
    maintype, subtype = conttype.split('/', 1)
    #附件中的图片
    image = MIMEImage(open(r'testimage.png', 'rb').read(), _subtype=subtype)
    image.add_header('Content-Disposition', 'attachment', filename='testimage.png')
    msg.attach(image)
    #附件中的自动化测试报告
    file = MIMEBase(maintype, subtype)
    file.set_payload(open(r'自动化测试报告.xls', 'rb').read())
    file.add_header('Content-Disposition', 'attachment', filename='自动化测试报告.xls')
    encoders.encode_base64(file)
    msg.attach(file)

    #发送
    try:
        smtp = smtplib.SMTP()
```

```
            smtp.connect(email_server, 25)
            smtp.login(sender, password)
            smtp.sendmail(sender, receiver, msg.as_string())
            smtp.quit()
            print('发送成功！')
       except:
            print('发送失败！')

if __name__ == '__main__':
    now = time.strftime('%Y-%m-%d %H:%M:%S', time.localtime(time.time()))
    subject = '自动化测试报告('+now+')'
    send_mail(subject)
```

上面的代码使用了 17xxxxxxx@qq.com 这个邮箱，发件人向 bugsend@163.com 和 testerteams@163.com 发送了一封以"自动化测试报告"+"（当前时间）"为标题的邮件。这封邮件中包括自动化测试报告截图（testimage.png 图片）和自动化测试报告.xls 两个附件，如图 8-19 所示。

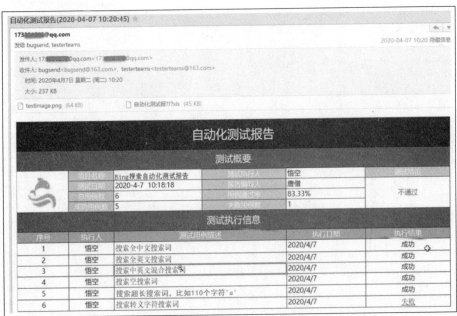

图 8-19　自动化测试报告邮件相关信息

同时，为了在正文中显示图片，我们给图片定义了 id，而后在 HTML 正文中进行引用。

```
#正文中的图片，通过 HTML 格式放置图片
mail_msg = '<p><img src="cid:image1"></p>'
msg.attach(MIMEText(mail_msg, 'html', 'utf-8'))
#指定图片
fp = open(r'testimage.png', 'rb')
msgImage = MIMEImage(fp.read())
```

```
fp.close()
#定义图片id,从而在HTML文本中引用
msgImage.add_header('Content-ID', '<image1>')
msg.attach(msgImage)

conttype = 'application/octet-stream'
maintype, subtype = conttype.split('/', 1)
#附件中的图片
image = MIMEImage(open(r'testimage.png', 'rb').read(), _subtype=subtype)
image.add_header('Content-Disposition', 'attachment', filename='testimage.png')
msg.attach(image)
```

当然,也可以将HTMLTestRunner生成的测试报告作为附件发送给相关人,如图8-20所示。

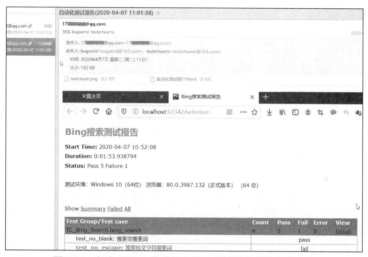

图8-20 包含HTML格式的自动化测试报告邮件相关信息

对应的send_mail.py脚本文件的内容如下。

```
from email.mime.text import MIMEText
from email.mime.image import MIMEImage
from email.mime.base import MIMEBase
from email.mime.multipart import MIMEMultipart
from email import encoders
import smtplib
import time

def send_mail(subject):
    email_server = 'smtp.qq.com'         #服务器地址
    sender = '17xxxxxxx@qq.com '         #发件人
    password = ' gamtxxxxxxxxxxxx'       #16位授权码
    receiver = ['bugsend@163.com', 'testerteams@163.com']  #收件人,此处我们指定了两个收件人

    msg = MIMEMultipart()
```

```python
msg['Subject'] = subject              #邮件标题
msg['From'] = '17xxxxxxx@qq.com <17xxxxxxx@qq.com >'  #邮件中显示的发件人别称
msg['To'] = ";".join(receiver)        #收件人

#正文中的图片,通过HTML格式放置图片
mail_msg = '<p><img src="cid:image1"></p>'
msg.attach(MIMEText(mail_msg, 'html', 'utf-8'))
#指定图片的存放路径
fp = open(r'F:\selenium3test\reports\testresult.png', 'rb')
msgImage = MIMEImage(fp.read())
fp.close()
#定义图片id,从而在HTML文本中引用
msgImage.add_header('Content-ID', '<image1>')
msg.attach(msgImage)

conttype = 'application/octet-stream'
maintype, subtype = conttype.split('/', 1)
#附件中的图片
image = MIMEImage(open(r'F:\selenium3test\reports\testresult.png', 'rb').read(),
                  _subtype=subtype)
image.add_header('Content-Disposition', 'attachment', filename='testresult.png')
msg.attach(image)
#附件中由HTMLTestRunner生成的测试报告
file = MIMEBase(maintype, subtype)
file.set_payload(open(r'F:\selenium3test\reports\20200407105208_Bing_Result.html',
                 'rb').read())
file.add_header('Content-Disposition', 'attachment', filename='自动化测试报告.html')
encoders.encode_base64(file)
msg.attach(file)

#发送
try:
    smtp = smtplib.SMTP()
    smtp.connect(email_server, 25)
    smtp.login(sender, password)
    smtp.sendmail(sender, receiver, msg.as_string())
    smtp.quit()
    print('发送成功!')
except:
    print('发送失败!')

if __name__ == '__main__':
    now = time.strftime('%Y-%m-%d %H:%M:%S', time.localtime(time.time()))
    subject = '自动化测试报告('+now+')'
    send_mail(subject)
```

在以上脚本中,需要根据实际情况填写测试报告和对应图片的存放路径,参见粗体代码部

分。add_header()方法的 filename 参数可以对附件进行重命名,例如,将 20200407105208_Bing_Result.html 重命名为"自动化测试报告.html",参见图 8-20。

在这里需要说明的是,对于 QQ、163 等邮件收发提供商,在使用它们提供的发送邮件服务时,必须先开启 SMTP 服务。下面以 QQ 邮箱为例。

首先,登录 QQ 邮箱,单击"设置"链接,如图 8-21 所示。

图 8-21　QQ 邮箱页面信息

然后,切换到"账户"页面,开启"POP3/SMTP 服务",如图 8-22 所示。单击"生成授权码"链接,按照要求发送短信,获得授权码,如图 8-23 所示。

图 8-22　开启 POP3/SMTP 服务信息

图 8-23　生成的授权码信息

在应用 SMTP 的 login()方法时,需要传入两个参数:第一个参数是账号信息;第二个参数是密码信息,输入的密码就是授权码,请大家务必注意。

8.4　日志管理

日志无论是对于开发人员、测试人员还是对于运维人员来说都是非常重要的信息,通过对日志进行分析,我们可以了解应用程序的运行状况。若出现问题,则可以根据日志信息来进一步发现、定位和解决问题。

第 8 章　自动化测试框架的设计与工具应用

如图 8-24 所示，通常日志文件会包括发生时间、日志代码标号、日志信息等。这里的日志代码标号是软件开发商自行定义的内部代号，用于对不同的日志信息进行归类。一方面，这能够让你知道此类日志信息的含义；另一方面，日志代码标号非常简短并且对外有保密性。当然，在开发应用软件或者编写脚本框架时，也可以根据需求定义输出日志的内容，例如加入更加明确的日志级别信息。

```
ngen.log - 记事本
文件(F)  编辑(E)  格式(O)  查看(V)  帮助(H)
03/16/2020 15:41:43.500 [13216]: Acquired task lock.
03/16/2020 15:41:43.564 [8692]: Command line: C:\Windows\Microsoft.NET\Framework\v4.0.30319\ngen.exe RemoveTaskDelayStartTrigger /LegacyServiceBehavior
03/16/2020 15:41:43.603 [8692]: ngen returning 0x00000000
03/16/2020 15:41:43.641 [13216]: Executing normal maintenance tasks
03/16/2020 15:41:43.672 [8264]: Command line: C:\Windows\Microsoft.NET\Framework\v4.0.30319\ngen.exe ExecuteQueuedItems /LegacyServiceBehavior
03/16/2020 15:41:43.745 [8264]: All compilation targets are up to date.
03/16/2020 15:41:43.745 [8264]: ngen returning 0x00000000
03/16/2020 15:41:43.909 [9688]: Command line: C:\Windows\Microsoft.NET\Framework\v4.0.30319\ngen.exe install System.Core, Version=4.0.0.0, Culture=neutral, PublicKeyToken=b77a5c561934e089 /NoDependencies /noroot /version:v4.0.30319 /LegacyServiceBehavior
03/16/2020 15:41:44.556 [9688]: All compilation targets are up to date.
03/16/2020 15:41:44.557 [9688]: ngen returning 0x00000000
03/16/2020 15:41:44.766 [13216]: Exception while parsing log HRESULT(-2146232832)
03/16/2020 15:41:44.767 [13216]: Exception while parsing log HRESULT(-2146232832)
03/16/2020 15:41:44.768 [13216]: Exception while parsing log HRESULT(-2146232832)
03/16/2020 15:41:44.770 [13216]: Exception while parsing log HRESULT(-2146232832)
03/16/2020 15:41:44.771 [13216]: Exception while parsing log HRESULT(-2146232832)
03/16/2020 15:41:44.968 [13216]: NGen task completed successfully
03/17/2020 16:04:13.081 [12388]: NGen Task starting, command line: "C:\Windows\Microsoft.NET\Framework\v4.0.30319\NGenTask.exe" /RuntimeWide /StopEvent:892
03/17/2020 16:04:13.140 [12388]: Attempting to acquire task lock.
```

图 8-24　日志参考文件

冗长的日志信息会让人眼花缭乱，因此就可以依据日志级别的不同，对日志级别高的进行过滤，以方便查看。

Python 提供的 logging 模块包含 5 种不同级别的日志信息，参见表 8-4，同时这个模块封装了易用的日志 API 供我们使用。

表 8-4　logging 模块包含的 5 种日志级别

日志级别	描述
Debug	这类日志非常详细，便于相关人员定位和调试应用程序或脚本
Info	这类日志比较详细，通常记录关键流程及操作方面的信息，用于确认程序执行的正确性
Warning	这类日志会给出一些告诫性或警示性的信息，如 CPU 利用率过高等，应用程序虽可正常运行，但会影响用户体验。当然，如果 CPU 利用率持续很高，应用程序肯定会停止响应，无法使用
Error	这类日志会给出一些错误、异常消息，如页面元素找不到，从而导致后续操作无法执行
Critical	这类日志最重要，表明应用程序无法运行，如依赖的库文件丢失、运行即退出、应用程序根本无法正常运行等

从表 8-4 不难发现，日志级别从低到高存在如下关系——Debug < Info < Warning < Error < Critical。这里需要特别说明的是，大家在应用日志时，必须根据不同的场景做出合适的选择。因为日志涉及文件的读写，如涉及磁盘 I/O 操作，频繁的读写操作将给应用程序的运行造成沉重负担，所以在自动化框架设计或脚本调试阶段应关注 Debug、Info 级别的日志信息，而在产品正式上线后，应该取消输出，对于线上产品则应更关注可能造成重大影响的 Error、Critical

级别的日志信息。

下面让我们通过一个示例脚本，了解一下如何引入 logging 模块并使用里面封装的函数。logtest.py 脚本文件的内容如下。

```
import logging   #导入 logging 模块

logging.debug("输出一条 Debug 级别的日志记录。")
logging.info("输出一条 Info 级别的日志记录。")
logging.warning("输出一条 Warning 级别的日志记录。")
logging.error("输出一条 Error 级别的日志记录。")
logging.critical("输出一条 Critical 级别的日志记录。")
```

在上面的测试脚本中，我们首先导入了 logging 模块，然后应用 debug()、info()、warning()、error()和 critical()函数分别输出了一条相应级别的日志记录，运行脚本后，结果如图 8-25 所示。

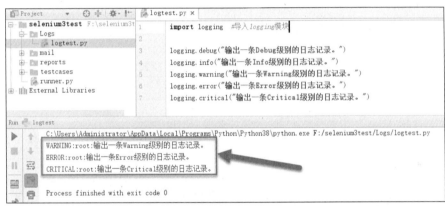

图 8-25　脚本的输出信息（1）

如图 8-25 所示，我们在脚本中明明输出的是 5 条日志信息，为什么实际输出的是后面 3 条呢？因为 logging 模块默认使用的日志级别是 Warning，所以只输出 Warning、Error 和 Critical 级别的日志记录，而 Debug 和 Info 级别的日志记录没有输出。那么如何输出 Debug 及以上级别的所有日志记录呢？其实很简单，只需要添加 basicConfig()函数，并设置 level 参数为 "DEBUG"。

修改后的 logtest.py 脚本文件的内容如下。

```
import logging   #导入 logging 模块

logging.basicConfig(level="DEBUG")
logging.debug("输出一条 Debug 级别的日志记录。")
logging.info("输出一条 Info 级别的日志记录。")
logging.warning("输出一条 Warning 级别的日志记录。")
logging.error("输出一条 Error 级别的日志记录。")
logging.critical("输出一条 Critical 级别的日志记录。")
```

logtest.py 脚本文件运行后的输出信息如图 8-26 所示。

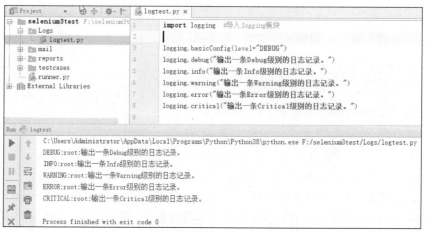

图 8-26　脚本的输出信息（2）

basicConfig()函数有很多参数，参见表 8-5。

表 8-5　basicConfig()函数的参数

参数	说明
filename	将日志输出到指定的文件，而不是输出到控制台
filemode	日志文件的打开模式，默认为 a（追加模式）。需要注意的是，只有在指定了 filename 参数后，filemode 参数才有效
format	日志信息的格式字符串
datefmt	日期/时间格式，需要注意的是，在使用 datefmt 参数时，需要在 format 参数中包含时间字段%(asctime)s 才有效
level	指定日志级别
stream	指定日志的输出目标，如 sys.stdout、sys.stderr 等。需要说明的是，stream 和 filename 参数不能同时指定，否则 stream 参数将被忽略
style	指定格式字符串的风格，可取值为%、{和$
handlers	如果指定 handlers 参数，那么参数值应该是一个创建了多个 handler 的可迭代对象，这些 handler 将会被添加到 rootLogger 中。需要说明的是，filename、stream 和 handlers 这 3 个参数不能同时出现两个或全部出现，否则将会引发异常。handlers 参数的作用是将消息分发到指定的位置（如文件、网络、控制台等）
force	当这个参数为 true 时，在执行由其他参数指定的配置前，将删除并关闭附加到 rootLogger 的任何已有 handler

也可以使用 format 参数来指定输出日志的格式，假如想输出"日期时间-文件名[行:行号]-日志级别:日志信息"这样格式的日志，我们应该怎么配置呢？

这里总结了关于 format 格式字符串的一些说明，在设定日志的输出格式时你会用到，参见表 8-6。

表 8-6　format 格式字符串的一些说明

属性	使用格式	描述
asctime	%(asctime)s	日志事件发生的时间，如 2020-03-08 18:46:42,126
created	%(created)f	日志事件发生的时间是当时调用 time.time()函数后返回的值
relativeCreated	%(relativeCreated)d	日志事件发生的时间相对于 logging 模块加载时间的毫秒数
msecs	%(msecs)d	日志事件发生的时间的毫秒部分
levelname	%(levelname)s	日志级别
levelno	%(levelno)s	数字形式的日志级别 10、20、30、40、50，分别对应 Debug、Info、Warning、Error、Critical
name	%(name)s	使用的日志器的名称，默认是'root'，因为默认使用的是 rootLogger
message	%(message)s	日志记录的文本内容
pathname	%(pathname)s	调用日志记录函数的源码文件的完整路径
filename	%(filename)s	文件名，包括文件后缀
module	%(module)s	文件名，但不包括文件后缀
lineno	%(lineno)d	源码所在行的行号
funcName	%(funcName)s	调用日志记录函数的函数名
process	%(process)d	进程 id
processName	%(processName)s	进程名称
thread	%(thread)d	线程 id
threadName	%(thread)s	线程名称

下面我们就一起应用 format 格式字符串设定输出"日期时间-文件名[行:行号] -日志级别:日志信息"格式的日志记录。

logtest.py 脚本文件的内容如下。

```
import logging    #导入 logging 模块

formatstr='%(asctime)s - %(filename)s[line:%(lineno)d] - %(levelname)s: %(message)s'
logging.basicConfig(level="DEBUG",format=formatstr)
logging.debug("输出一条 Debug 级别的日志记录。")
logging.info("输出一条 Info 级别的日志记录。")
logging.warning("输出一条 Warning 级别的日志记录。")
logging.error("输出一条 Error 级别的日志记录。")
logging.critical("输出一条 Critical 级别的日志记录。")
```

输出内容如图 8-27 所示。

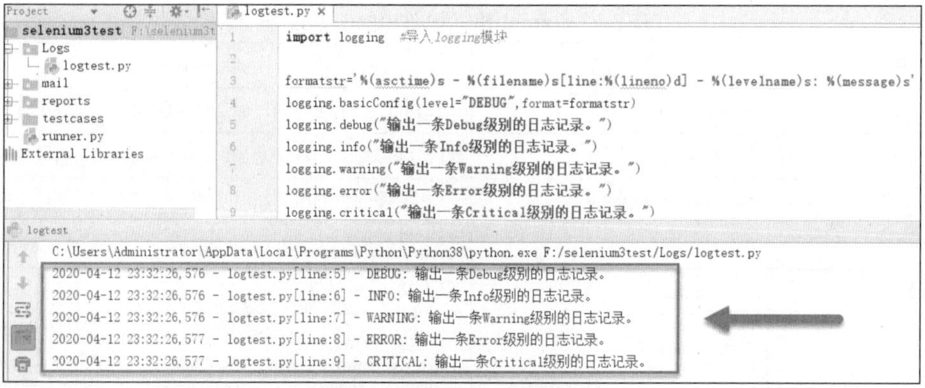

图 8-27 设定日志的输出格式

通常情况下，日志文件是日志记录信息经常用到的载体，那么在使用 logging 模块时，如何将日志记录输出到指定的日志文件呢？接下来，我们将通过一个示例进行介绍。

logtest.py 脚本文件的内容如下。

```
import logging

logging.basicConfig(level=logging.INFO,filename='runlog.log',
            format='%(asctime)s %(filename)s[line:%(lineno)d]%(levelname)s%(message)s')
logging.debug('debug info')
logging.info('hello')
logging.warning('warning info')
logging.error('error info')
logging.critical('critical info')
```

这里将 Info 级别以上的日志记录输出到 runlog.log 文件。如果多次运行脚本就会发现，Debug 级别的日志信息将会被忽略，而 Info 级别以上的日志每运行一次就会被追加一次到 runlog.log 文件中，如图 8-28 所示，同时控制台将不再显示日志记录信息。

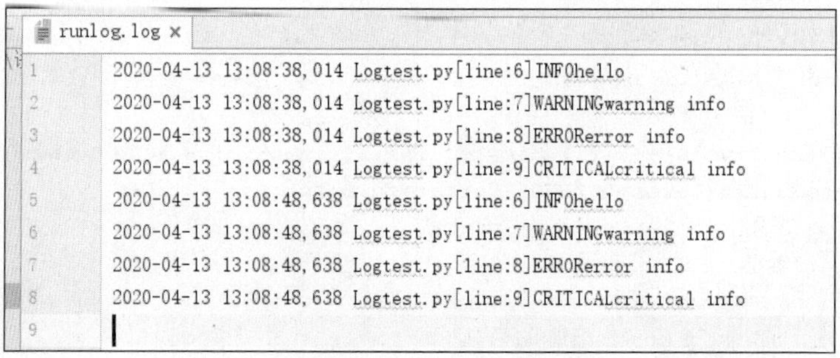

图 8-28 runlog.log 文件中的内容

那么有没有办法可以控制日志记录既能够在控制台输出，也能够输出到指定的日志文件呢？当然可以，而且甚至能够控制同样的日志记录在控制台的输出级别为 Info，而指定的日志文件为 Debug 级别。

下面就让我们一起来看一下如何采用配置文件的方式配置日志生成器（logger）。
日志生成器的内容如下。

```
[loggers]                           #日志生成器
keys=root,infoLogger

[logger_root]                       #定义rootLogger的section必须指定level和handlers
level=DEBUG
handlers=consoleHandler,fileHandler

[logger_infoLogger]                 #对于非rootLogger, qualname必选，表示logger层级中的名称
handlers=consoleHandler,fileHandler
qualname=infoLogger
propagate=0 #若值为0，表示输出日志，但消息不传递；若值为1，表示输出日志，同时消息往更高级别的地方
            #传递
[handlers]
keys=consoleHandler,fileHandler

[handler_consoleHandler]
class=StreamHandler                 #将日志输出到流
level=INFO                          #日志级别为Info
formatter=form02                    #日志的格式化方式为from02
args=(sys.stdout,)                  #标准输出，也就是输出到控制台

[handler_fileHandler]
class=FileHandler                   #将日志输出到文件
level=DEBUG                         #日志级别为Debug
formatter=form01                    #日志的格式化方式为from01
args=('runlog1.log', 'a')           #追加方式，日志文件为runlog1.log

[formatters]
keys=form01,form02
#定义日志的格式化输出
[formatter_form01]
format=%(asctime)s %(filename)s[line:%(lineno)d] %(levelname)s %(message)s

[formatter_form02]
format=%(asctime)s %(filename)s[line:%(lineno)d] %(levelname)s %(message)s
```

log.conf配置文件的内容如下。

```
import logging.config

logging.config.fileConfig('log.conf')        #从log.conf文件加载日志相关配置
logging=logging.getLogger()                  #获取日志生成器
logging.debug('Debug Log')
logging.info('Info Log ')
logging.warning('Warning Log')
```

```
logging.error('Error Log')
logging.critical('Critical Log')
```

执行以上脚本后，将显示图 8-29 所示信息，大家可以看到日志文件中包括了 Debug 及以上级别的日志记录，而控制台只输出了 Info 及以上级别的日志记录。这更加灵活，所以我们推荐使用这种方式。

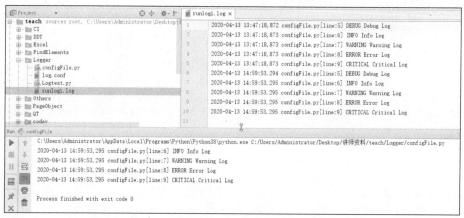

图 8-29　采用配置文件的方式配置日志生成器

8.5　Robot Framework 简介

Robot Framework 是通用的开源自动化框架，可以用于测试自动化和机器人过程自动化（RPA）。Robot Framework 自问世后得到业内人士的积极支持，许多行业内领先的公司都在软件开发中使用了它。Robot Framework 是开放且可扩展的，可以与几乎任何其他工具集成以创建强大而灵活的自动化解决方案。开源也意味着 Robot Framework 可以免费使用。Robot Framework 使用易于理解的关键字，语法简单，并且功能可以通过使用 Python 或 Java 实现的库进行扩展。Robot Framework 有丰富的生态系统，由作为独立项目开发的库和工具组成。Robot Framework 项目托管在 GitHub 上，可以在 GitHub 上找到更多文档及源码。Robot Framework 独立于操作系统和应用程序，它的核心是使用 Python 实现的，并且还可以在 Jython（JVM）和 IronPython（.NET）上运行。Robot Framework 本身是根据 Apache License 2.0 发布的开源软件，并且生态系统中的大多数库和工具也是开源的。Robot Framework 最初由诺基亚开发，并于 2008 年开源。

如图 8-30 所示，Robot Framework 具有模块化架构，可以通过捆绑的自制库进行扩展。在开始执行时，Robot Framework 首先解析数据。然后，Robot Framework 利用库提供的关键字与目标系统进行交互。库可以直接与系统通信，也可以使用其他工具，还可以通过命令行方式运行。执行结果以 HTML 或 XML 格式输出，这对于没有代码编写能力的功能测试工程师无疑是非常好的选择。

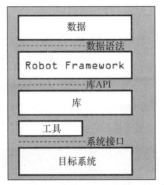

图 8-30　Robot Framework 的模块化架构

　　Robot Framework 提供了非常多的基础库，同时支持第三方的扩展库（其中也包括一些支持 Selenium 的第三方扩展库）以及丰富的内建工具、扩展接口等，以方便与其他系统集成并协同完成工作任务。

8.6　Robot Framework 与 Selenium 环境的搭建

　　由于 Robot Framework 是基于 Python 开发的，因此运行 Robot Framework 时必须拥有 Python 环境。本书前面已经讲过 Python 3.8 环境的安装、配置过程，所以此处不再赘述。这里主要讲解 Robot Framework 和 Robot Framework RIDE 的安装过程。

　　本节将结合 Windows 10 系统进行详细讲解。

8.6.1　Robot Framework 的安装

　　在控制台输入 pip3 install robotframework -i https://pypi.tuna.tsinghua.edu.cn/simple 命令并执行后，将开始安装 Robot Framework，如图 8-31 所示。

图 8-31　安装 Robot Framework

　　为了提高下载速度，这里指定清华的镜像站点作为安装源，可以看到很快 Robot Framework 就安装完了。

8.6.2 Robot Framework RIDE 的安装

如果喜欢图形化的交互界面，就需要使用 Robot Framework RIDE 来完成基于 Robot Framework 的脚本开发了。Robot Framework RIDE 从 1.7.3 版本后开始支持 Python 3，所以必须选择安装 1.7.3 以后的版本，才能够保证 Robot Framework RIDE 成功运行。

在控制台输入 pip3 install robotframework-ride -i https://pypi.tuna.tsinghua.edu.cn/simple 命令并执行后，将开始安装 Robot Framework RIDE 及相关依赖库，如图 8-32 所示。

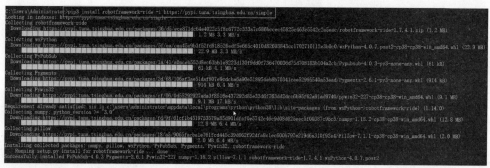

图 8-32　安装 Robot Framework RIDE 及相关依赖库

可以看到安装的 Robot Framework RIDE 版本为 1.7.4.1。

在控制台输入并执行 ride.py 脚本，启动 Robot Framework RIDE，通常会出现图 8-33 所示的错误消息。

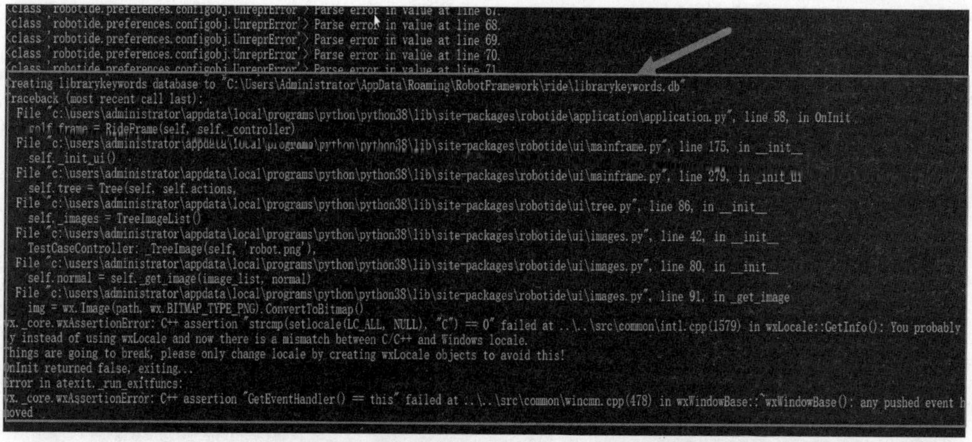

图 8-33　运行 Robot Framework RIDE 时出现的错误消息

这里需要对 ..\python38\lib\site-packages\robotide\application\application.py 文件进行修改，将第 50 行代码 self._initial_locale = wx.Locale(wx.LANGUAGE_ENGLISH)更改为 self.locale = wx.Locale(wx.LANGUAGE_ENGLISH)，如图 8-34 所示。

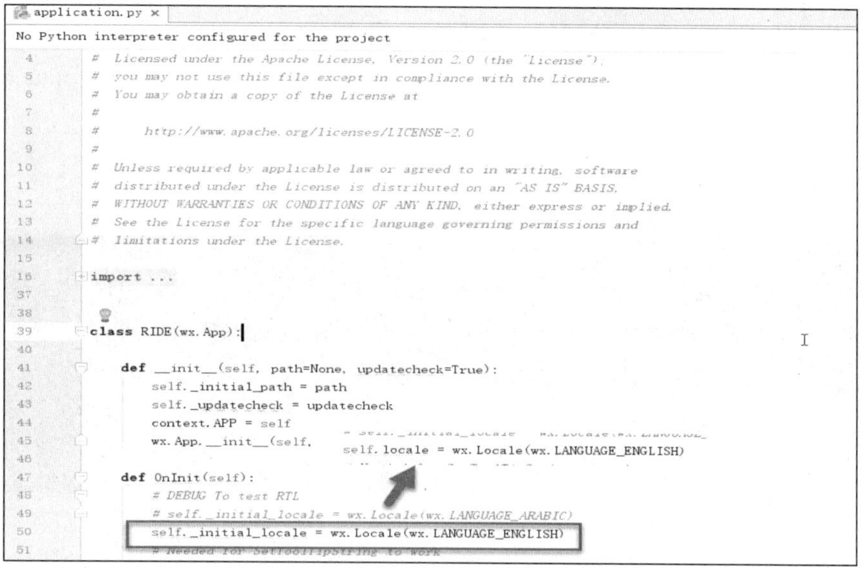

8.6 Robot Framework 与 Selenium 环境的搭建

图 8-34 修改代码

在控制台输入并执行 ride.py 脚本时，就可以成功运行 Robot Framework RIDE 了，如图 8-35 所示。

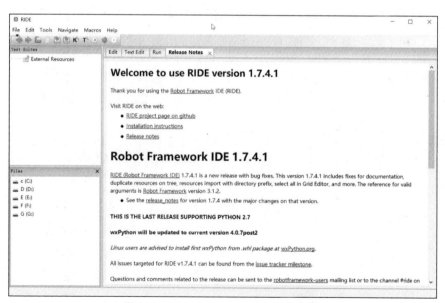

图 8-35 Robot Framework RIDE 的界面信息

8.6.3 SeleniumLibrary 的安装

SeleniumLibrary 是针对 Robot Framework 开发的 Selenium 第三方库，也是 Robot Framework

当下最流行的库之一，主要用于编写 Web UI 自动化测试。

在控制台输入 pip3 install robotframework-seleniumlibrary -i https://pypi.tuna.tsinghua.edu.cn/simple 命令并执行，就可以安装支持 Robot Framework 的 Selenium 第三方库。这里我们仍然以清华的镜像站作为安装源，如图 8-36 所示。

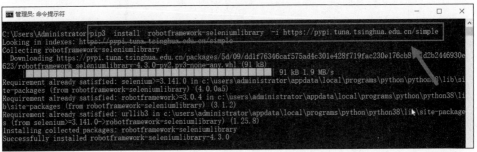

图 8-36　Selenium 第三方库的安装过程

8.7　Robot Framework 与 Selenium 案例演示

这里，我们仍然以 Bing 搜索为例，介绍如何使用 Robot Framework 与 SeleniumLibrary 来实现业务目标。

首先，在控制台输入 ride.py 脚本并执行以启动 Robot Framework RIDE。

然后，选择 File→New Project 菜单项，创建一个新的项目，如图 8-37 所示。

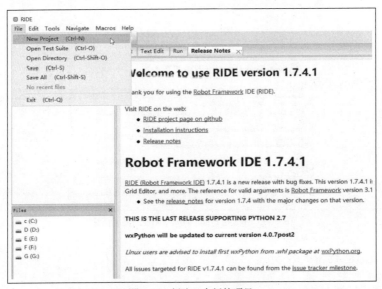

图 8-37　创建一个新的项目

8.7 Robot Framework 与 Selenium 案例演示

如图 8-38 所示，配置新项目，输入项目名称（Name）、选择父目录（Parent Directory，也就是文件存放位置）、创建路径（Create Path）、类型[Type，包括文件（File）或目录（Directory）]、格式（Format，包括 ROBOT、TXT、TSV 和 HTML）。这里，我们将项目命名为 Bing_Search，将项目文件存放在 F:\SeleniumTest\Scripts 下。需要说明的是，父目录默认是上一个项目的目录，可根据实际需要进行设置。创建路径将自动填写，格式通常使用默认的 ROBOT 类型即可，无须调整。需要说明的是，建议使用纯文本格式 ROBOT 或 TXT。类型这里选择目录存放方式。如果层级简单，选择文件类型即可；如果内容较复杂、层级较深，最好选择目录方式。单击 OK 按钮，将显示图 8-39 所示界面。

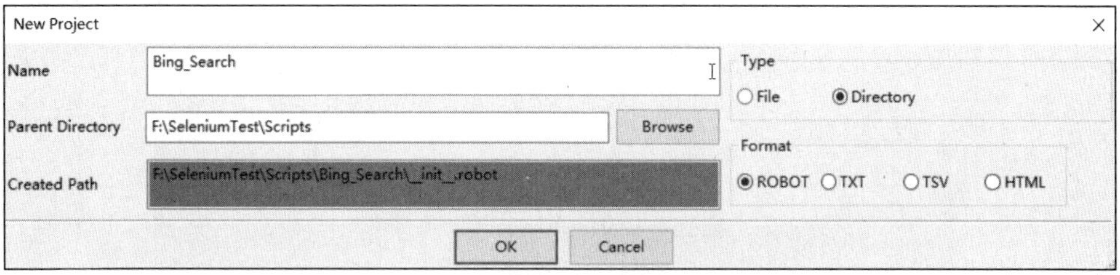

图 8-38 配置新项目

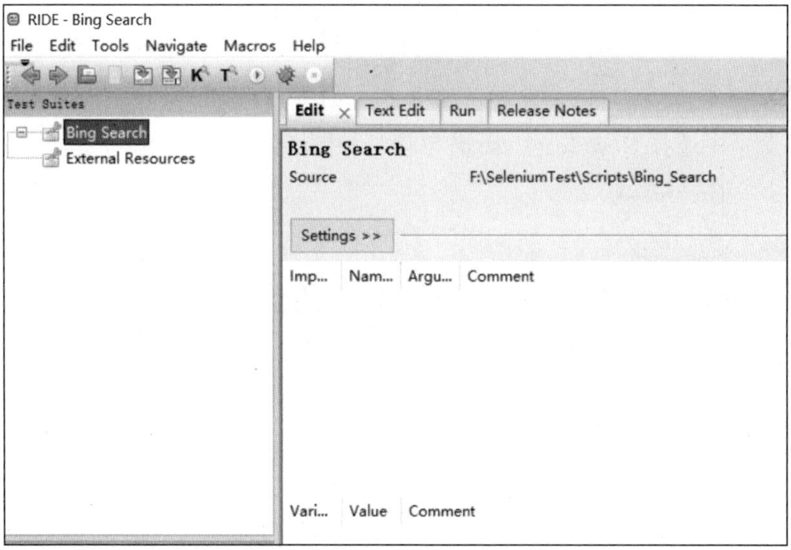

图 8-39 新项目信息

选中新建的项目并右击，从弹出菜单中选择 New Suite 菜单项，如图 8-40 所示。

如图 8-41 所示，如果想在测试套件（或者叫测试集）下直接创建测试用例，可以选择文件类型。被测试的 Bing 搜索业务非常简单，所以这里选择文件类型，单击 OK 按钮。

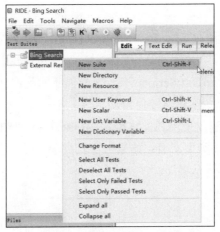

图 8-40 选择 New Suite 菜单项

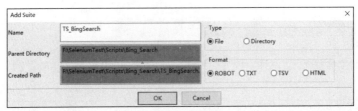

图 8-41 创建测试套件

创建好测试套件后，就可以创建测试用例了，选中已创建好的 TS_BingSearch 测试套件并右击，从弹出菜单中选择 New Test Case 菜单项，如图 8-42 所示。

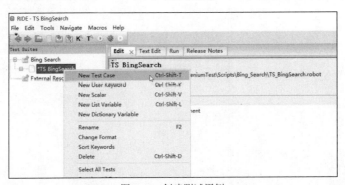

图 8-42 创建测试用例

命名新建的测试用例，如图 8-43 所示。

单击 OK 按钮，将显示图 8-44 所示界面。

单击选中 TS_BingSearch 测试套件，在图 8-45 所示界面中单击 Library 按钮。

在弹出的 Library 对话框中，在 Name（名称）文本框中输入 SeleniumLibrary，单击 OK 按钮，如图 8-46 所示。

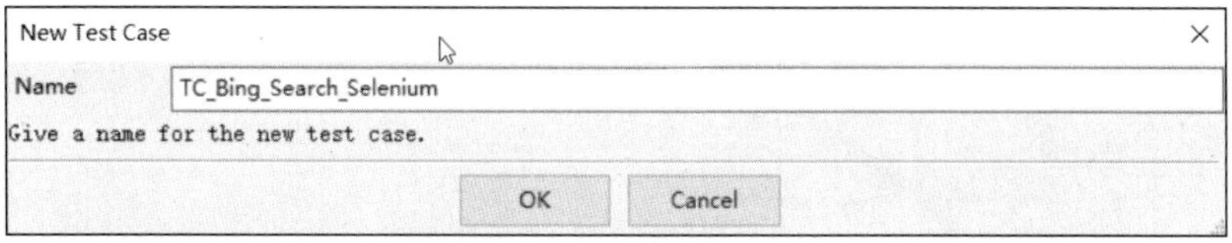

8.7 Robot Framework 与 Selenium 案例演示

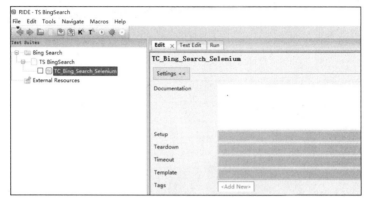

图 8-43 命名新建的测试用例

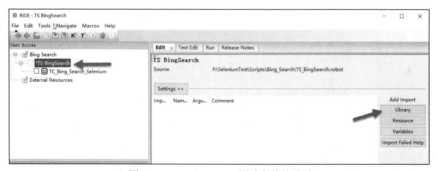

图 8-44 Bing_Search 项目信息

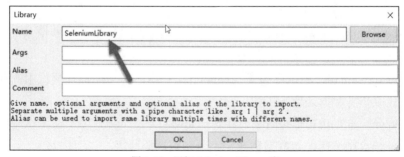

图 8-45 TS_BingSearch 测试套件的界面

图 8-46 添加 SeleniumLibrary 库

若添加后的 SeleniumLibrary 库没有任何问题，将以黑色字体显示；若 Robot Framework 找不到对应的库文件信息，就以红色字体显示，这表示没有安装成功，如图 8-47 所示。

137

第 8 章 自动化测试框架的设计与工具应用

图 8-47 库安装成功与安装失败时的显示信息

添加完 SeleniumLibrary 库以后,就可以应用关键字来进行测试用例的编写工作了,如图 8-48 所示。

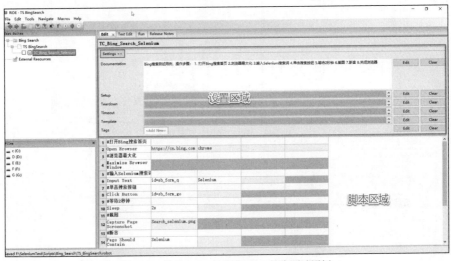

图 8-48 基于 RIDE 编写的 Bing 搜索测试用例

在图 8-48 右侧的 Edit 选项卡中,可以清楚地看到界面主要分成两个区域——设置区域和脚本区域。设置区域主要用来配置测试用例执行时的相关内容。

设置区域包括以下各项。

- ❑ Documentation(文档说明),可以结合需要添加测试用例的说明信息(如操作步骤、作者、编写日期、参数说明、业务描述等)。
- ❑ Setup,与 UnitTest 的测试固件 setUp()方法一样,用于在执行测试用例前进行一些初始化、上下文数据还原等工作。
- ❑ Teardown,与 UnitTest 的测试固件 tearDown()方法一样,用于在测试用例执行结束后处理一些收尾工作,如数据销毁、上下文数据还原等。
- ❑ Timeout(超时),用于设置测试用例的最长执行时间。通常情况下,若超过最长执行时间,则说明必定卡在某个操作步骤,测试用例会因为没有发现要操作的元素而执行失败。
- ❑ Templates(模板),如果设置了模板,那么可以在此处引用对应的模板。

❑ Tags（标签），可用来设置测试用例的优先级、分类等。

在脚本区域，可以看到这里没有像以前那样使用 find_element()等方法定位、操作元素，取而代之的是一些显而易见的 Open Browser、Click Button 等关键字，这些对于功能测试人员或不懂测试的业务人员也非常容易理解。

为了能够让大家看到具体的脚本信息，这里将它们单独截取出来，如图 8-49 所示（彩色效果请参见文前彩插）。

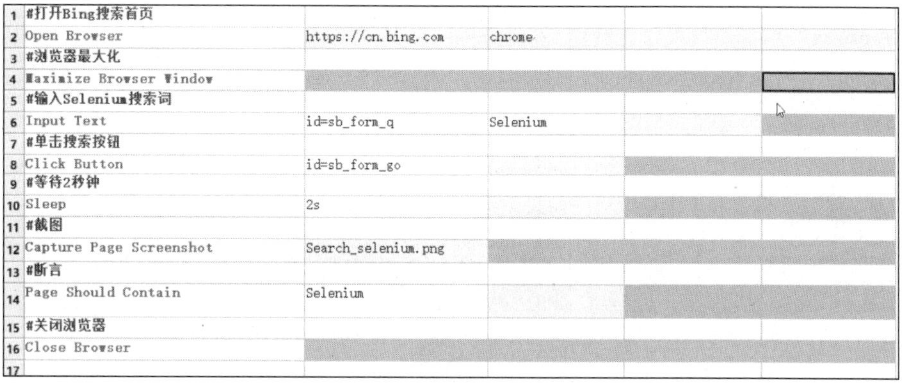

1	#打开Bing搜索首页		
2	Open Browser	https://cn.bing.com	chrome
3	#浏览器最大化		
4	Maximize Browser Window		
5	#输入Selenium搜索词		
6	Input Text	id=sb_form_q	Selenium
7	#单击搜索按钮		
8	Click Button	id=sb_form_go	
9	#等待2秒钟		
10	Sleep	2s	
11	#截图		
12	Capture Page Screenshot	Search_selenium.png	
13	#断言		
14	Page Should Contain	Selenium	
15	#关闭浏览器		
16	Close Browser		
17			

图 8-49　Bing 搜索测试用例的脚本信息

如图 8-49 所示，以#开始的内容仍然为注释信息。蓝色字体为关键字，是为第三方库或 Robot Framework 内建库提供的接口。若输入的关键字并不存在，则有两种可能：第一，没有安装与输入的关键字对应的库；第二，输入的关键字根本就不存在。例如，故意输入不存在的关键字 CLOSE ABC，在该位置停留片刻后，RIDE 将给出提示信息 Keyword not found! For possible corrections press <Ctrl>，如图 8-50 所示。

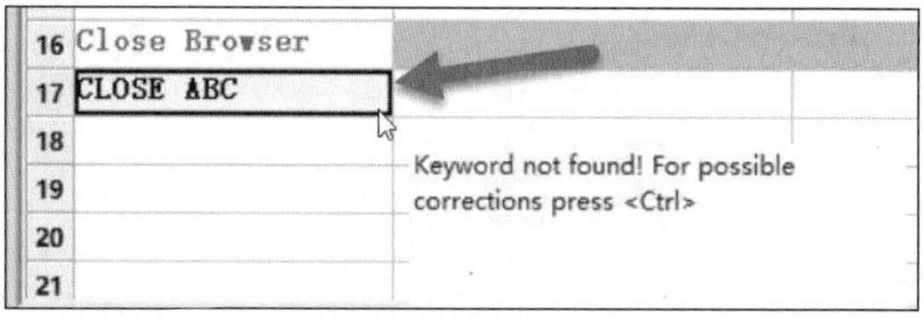

16	Close Browser
17	CLOSE ABC
18	
19	
20	
21	

Keyword not found! For possible corrections press <Ctrl>

图 8-50　输入不存在的关键字后给出的提示信息

按 Ctrl 键，就可以看到更详细的信息，这里不再赘述。

现在，可能很多读者会问："怎么才能知道 SeleniumLibrary 库提供了哪些关键字呢？"这是一个非常好的问题。选择 Tools→Search Keywords 菜单项，如图 8-51 所示。

如图 8-52 所示，在打开的 Search Keywords 对话框中，可输入要搜索的关键字以进行查找。在 Source 下拉列表框中则可以看到目前已经安装的所有库，选择对应的库就会限定只在该库中搜索指定的关键字。这里我们只想看看 SeleniumLibrary 库都提供了哪些关键字，所以选择

SeleniumLibrary，你将会看到 SeleniumLibrary 库支持的所有关键字都列了出来，还有对应关键字的描述及用法等相关信息，如图 8-53 所示。

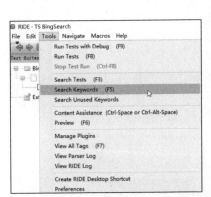

图 8-51 选择 Tools→Search Keywords 菜单项

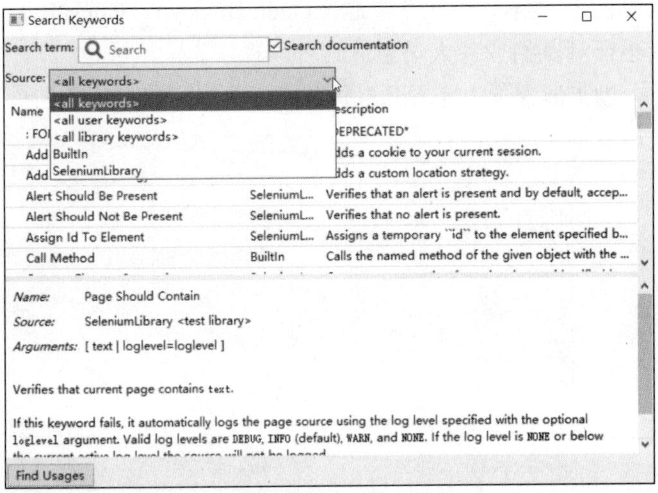

图 8-52 Search Keywords 对话框

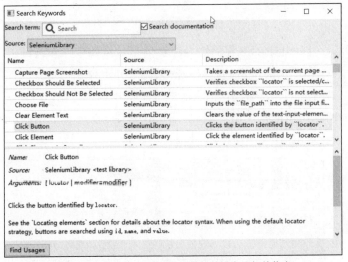

图 8-53 SeleniumLibrary 库提供的关键字及相关信息

SeleniumLibrary 库提供的相关关键字的含义如表 8-7～表 8-11 所示。

表 8-7 SeleniumLibrary 库中的浏览器和窗口操作关键字

关键字	描述
Open Browser	打开浏览器并访问指定的 URL 地址，可以指定不同的浏览器参数
Close Browser	关闭浏览器

续表

关键字	描述
Maximize Browser Window	最大化当前浏览器窗口
Get Window Size	获取当前窗口的宽度和高度
Set Window Size	设置当前窗口的宽度和高度
Get Window Handles	获取选中浏览器的所有窗口的句柄
Switch Window	切换窗口。可根据窗口的句柄、标题、名称等进行切换
Get Window Names	获取选中浏览器的所有窗口的名称
Get Window Titles	获取选中浏览器的所有窗口的标题
Get Locations	获取选中浏览器的所有窗口的 URL

表 8-8 SeleniumLibrary 库中的页面元素操作关键字

关键字	描述
Click Element	单击指定的元素
Input Text	在指定的元素中输入文本内容
Get Element Attribute	获取指定的元素的属性信息
Get Element Size	获取指定的元素的宽度和高度信息
Get Value	获取指定的元素的属性值
Get Text	获取指定的元素的文本内容
Clear Element Text	清除指定的元素的文本值
Get Webelement	获取根据定位器匹配的首个页面元素对象
Get Webelements	获取根据定位器匹配的所有页面元素对象
Set Focus To Element	使指定的元素获得焦点
Double Click Element	双击指定的元素
Scroll Element Into View	滚动指定的元素到可见区域
Drag And Drop	将一个指定的元素拖曳到另一个指定的元素
Mouse Over	将鼠标指针悬浮在指定的元素上
Press Keys	模拟用户对指定的元素或处在激活状态的浏览器的按键操作

表 8-9 SeleniumLibrary 库中的页面元素等待关键字

关键字	描述
Wait For Condition	等待条件为真或超时
Wait Until Element Is Visible	等待指定的元素可见
Wait Until Element Is Not Visible	等待指定的元素不可见

续表

关键字	描述
Wait Until Element Is Enabled	等待指定的元素可用
Wait Until Element Contains	等待指定的元素包含指定的文本内容
Wait Until Element Does Not Contain	等待指定的元素不包含指定的文本内容
Wait Until Page Contains Element	等待页面包含指定的元素
Wait Until Page Contains Element	等待页面不包含指定的元素
Wait Until Page Contains	等待页面包含指定的文本内容
Wait Until Page Does Not Contain	等待页面不包含指定的文本内容

表8-10 SeleniumLibrary库中的断言关键字

关键字	描述
Page Should Contain Element	页面应当包含指定的元素。若包含，为真；否则，为假
Page Should Not Contain Element	页面应当不包含指定的元素。若包含，为假；否则，为真
Locator Should Match X Times	指定的元素定位表达式应该匹配X次，在SeleniumLibrary 4.0中已弃用，已用Page Should Contain Element替代，X可以用limit参数来指定
Element Should Be Visible	指定的元素应当可见。若可见，为真；否则，为假
Element Should Not Be Visible	指定的元素应当不可见。若不可见，为真；否则，为假
Element Should Be Enabled	指定的元素应当可用。若可用，为真；否则，为假
Element Should Be Disabled	指定的元素应当不可用。若可用，为假；否则，为真
Element Text Should Be	指定的元素的文本内容应当是指定的内容。若内容一致，为真；否则，为假
Element Text Should Not Be	指定的元素的文本内容应当不是指定的内容。若不一致，为真；否则，为假
Element Should Be Focused	指定的元素应当获得焦点状态。若获得焦点状态，为真；否则，为假

表8-11 SeleniumLibrary库中的其他主要关键字

关键字	描述
Get List Items	返回指定的选择列表定位器的所有标签或值
Select From List By Index	按索引从选择列表定位器中选择选项
Select From List By Value	按值从选择列表定位器中选择选项
Select From List By Label	按标签文本内容从选择列表定位器中选择选项
Select Frame	将定位器标识的Frame设置为当前Frame
Unselect Frame	退出Frame，切换到默认页面
Handle Alert	处理当前警告框并返回消息
Input Text Into Alert	在警告框中输入指定的文本内容
Choose File	将文件路径输入指定的定位器

8.7 Robot Framework 与 Selenium 案例演示

续表

关键字	描述
Get Table Cell	返回指定的表格单元格的内容
Capture Page Screenshot	捕获当前页面的屏幕快照并嵌入日志文件
Capture Element Screenshot	捕获指定元素的屏幕快照并嵌入日志文件
Set Screenshot Directory	设置快照的存储目录

下面再来看一下由 Robot Framework RIDE 创建的脚本,这次我们切换到 Text Edit 选项卡,如图 8-54 所示。

图 8-54　文本形式的脚本信息

可以看到在第 2 行导入了 SeleniumLibrary 库，第 5~14 行为文档说明信息。从第 15 行开始，代码与 Edit 选项卡中的脚本内容一一对应。每一行脚本都是按照"关键字+参数+值"的形式构成的。

选中 TC_Bing_Search_Selenium 测试用例，单击工具条上的执行按钮，如图 8-55 所示。

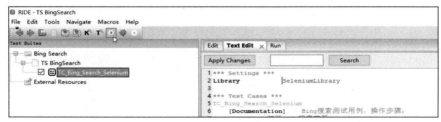

图 8-55　执行测试

143

在执行过程中，Robot Framework RIDE 将会自动切换到 Run 选项卡，调用 Chrome 浏览器，执行 Bing 搜索测试用例。

执行完毕后，将显示图 8-56 所示信息。

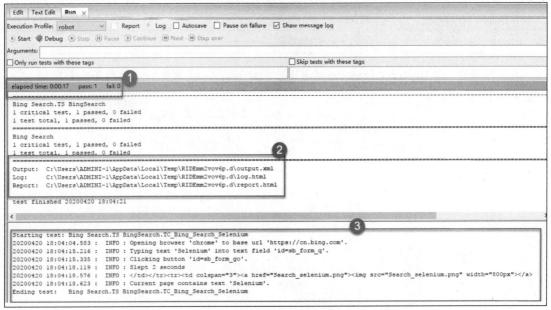

图 8-56　执行测试后的输出信息

如图 8-56 所示，在标识为 1 的区域可以看到测试用例的执行共耗时 17s，成功用例个数为 1，失败用例个数为 0。标识为 2 的区域显示了相关输出、日志和报告的存放路径。标识为 3 的区域显示了与脚本的执行过程有关的日志信息。

如图 8-57 所示，单击 Report 查看本次执行的测试报告，Robot Framework RIDE 将自动调用浏览器并显示测试报告信息，如图 8-58 所示。

图 8-57　单击 Report

单击 log.html，可以查看具体的执行过程中每一个操作步骤的日志信息，如图 8-59 所示。

8.8 自动化测试平台的设计思想

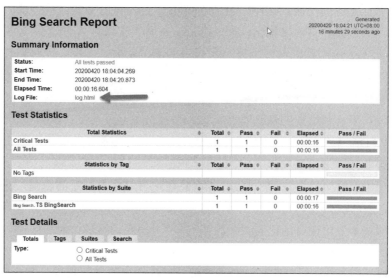

图 8-58　查看测试报告

图 8-59　查看测试日志

8.8　自动化测试平台的设计思想

　　大家不仅要学习知识，最重要的是将学到的知识实际应用到工作中，这才是有意义的事情。前面在介绍 Selenium 和 Robot Framework 工具时，只是介绍了如何使用它们，但你可能并不知道在保存了脚本以后，它们还都支持命令行调用以及执行方法。如果掌握一些 Web 框架，如基于 Python 的 Django 或者基于 Java 的 Spring MVC 等，是不是还可以设计一款适合自身企业特点、简单易用的自动化测试框架或平台呢？可能有很多读者对框架和平台的概念并不是十分清楚，因此这里简单介绍一下。框架就是为了解决特定的问题而实现了应用领域内的一些通用且完备的功能。这样，使用者就不必关心底层实现，直接使用所提供的通用功能就可以了。就拿移动自动化测试框架 Appium 来说，它就为 Android、iOS 移动设备上的本机应用、移动 Web 应用和混合应用提供了通用的测试功能。当然，针对软件开发的框架就更多了，既有针对前端的开发框架，也有针对不同编程语言的框架。应用框架强调的是软件设计的重用性和系统的可扩展性，以缩短大型应用软件系统的开发周期，提高开发质量。那么什么是平台呢？平台和框架的概念有些类似，平台是更高层次的"框架"，准确地说是一种应用。拿企业的 OA 系统来说，它就是一个平台，是为解决企业的员工考勤、流程审批、员工请假与报销等业务需求而开发出来的产品。

前面简单介绍了框架和平台的一些知识，不知道是否对你有一定的启发？聪明的读者一定能想到，我们完全可以利用 Python 语言和 Django Web 框架来实现一套自动化测试平台，这样就能因地制宜解决本公司在自动化测试中的痛点了。下面我们具体针对前面提到的痛点分别进行说明。

- ❑ 学习成本问题：如果自行开发的系统可以对底层操作进行封装，就能够通过提供更友好的界面、更简单的操作来降低操作者的学习成本，只关注业务而无须学习太多关于协议、前后端和 Python 语言方面的知识。即使刚开始可能掌握情况不理想，但经过几次简单的培训，相信绝大多数测试人员一定能掌握。大家可以结合自己学习任何一门语言或工具的经验来想一想，如果你今天学习使用这个工具，明天学习使用那个工具，很有可能就会不熟练。如果你长期学习或使用同一个工具，肯定会精通，就像卖油翁一样。
- ❑ 执行效率问题：如果我们自己开发了一套自动化测试框架或平台，可能就不需要像对于通用产品一样考虑那么多情况，只需要考虑设计符合自动化测试需求的有限情况即可，在操作流程、操作界面等方面都可以简化处理。同时，可以通过编写 Python 和 Celery 程序控制测试用例在不同机器上的运行，这在执行庞大的测试用例集时更能体现出优势。
- ❑ 执行结果展现问题：每个企业都有各自的一些特点和要求，在你能够使用 Python 对 Excel 文件、XML 文件或文本文件进行读写后，就可以设定专属于贵公司特点的一些 HTML 或 Excel 文件格式的模板，对图标、单元格、每行的数据进行控制，输出统一的测试结果模板，这无疑更能体现出测试团队的专业性。
- ❑ 执行结果通知问题：每次自动化测试工作完成后，发送一封包含测试结果的邮件应该是专业测试团队应该做的。如果实现了一套框架/平台，就可以将它们二者联系起来，每次生成报告以后，自动读取有关发件人、收件人的设置，向他们发送一封测试总结报告。当然，也可以通过 Python 语言调用 Jenkins 来实现。

综上所述，设计一款自动化测试框架或平台是非常有价值、有意义的一件事情。

8.9 自动化测试平台的投入成本

自动化测试平台能帮我们解决很多痛点，很多从未实施过自动化测试平台开发甚至从未做过自动化测试的企业想不切实际地一步到位，自行开发一套自动化测试框架或平台作为接口。更有甚者，很多企业领导认为只要实施自动化测试，工作效率和工作质量就能得到巨大提升。在这里我们要强调的是，事物具有两面性：一方面，自动化测试会带来收益；另一方面，自动化测试也会产生成本。

- 框架/平台的设计、实现成本：要设计适用于本企业的框架/平台，需要投入专业的测试开发人员，他们不仅要掌握编程语言、Web 框架的相关技能，还需要具备丰富的测试实战经验、具备需求提炼和框架/平台的设计及实现能力。框架/平台的开发通常需要投入两名以上的测试人员或开发人员，少则两三周，多则几个月才能完成。
- 培训成本：一套自动化测试框架/平台实现后，并不意味着万事大吉，还需要对相关的使用人员进行培训，让他们能够理解框架/平台在使用过程中出现的一些问题。
- 用例维护成本：就像功能测试，当处理的业务逻辑发生变化时需要同步变更测试用例一样，自动化测试脚本同样需要维护。当然，随着软件开发过程的深入、功能的增加，自动化测试用例脚本也会越来越多。如果一些功能已经废弃，那么需要将那些对应无用功能的自动化测试用例删除，这是一项持续性工作。
- 设备投入成本：自动化测试作为持续集成的一部分，各企业都应该有专属的机器设备用于自动化测试，每天在这些设备上少则执行几次、多则执行上百次的接口以及基于 UI 的自动化测试。

有人认为，实施自动化测试一定能提升测试质量和工作效率，这种思想也是有问题的，主要有以下几点原因。

- 测试覆盖不全面：自动化测试脚本是由测试人员编写的，如果测试人员在设计时考虑不全面，自动化测试脚本自然也就覆盖不全面。当然，就会出现漏测情况。很多过于复杂的业务通常情况下不会转换为自动化脚本，而由人工完成。无论是接口自动化测试还是基于 UI 的功能自动化测试，都不可能完全取代人工测试。
- 测试工作效率不一定会提高：从自动化测试持续进行下去的角度看，一定能提升工作效率。但是，在开始实施自动化测试的前期，可能会出现工作效率不升反降的情况。因为测试人员不仅要完成正常的测试任务，还要先将它们转换为测试脚本，再进行调试，由于对测试工具、测试框架或测试平台不熟悉，很有可能花费更多的时间。因此，企业领导应该对适应、调整阶段有合理的预期。
- 错误设定自动化测试范围：自动化测试脚本的执行次数越多，收益越大。如果一款软件产品只做一次质量检查,无疑人工测试是最节约成本、最有效的测试方法。自动化测试应该挑选那些经常使用的功能、重要的功能以及第三方 SDK 调用、一些容易漏测的内容作为重点测试内容。无限度地对系统所有功能和所有接口调用都实现自动化测试是不切实际的一种做法。应综合考虑人员成本、时间成本、产品质量要求和测试执行的频次等因素,找到平衡点。

8.10 测试平台开发综述

前面已经介绍了开发自动化测试平台带来的好处以及需要投入的成本等相关内容,那么如何开发一款适用于自己企业的测试平台呢?

以下几点建议供大家参考。

- 平台设计需求要全面、统一和明确:就像开发任何一款软件一样,要抓住这款软件的产品定位,软件需要包含哪些功能、支持多少用户使用、支持哪些浏览器或其他终端设备、是否有性能要求、是否支持分布式处理等各个方面都需要考虑。结合测试平台的开发来讲,这些内容必须关注。测试平台的开发不仅是测试部门的事情,还需要倾听其他部门的一些需求、建议,特别是研发、产品和运维部门,这 3 个部门和测试部门关系密切,一定不能闭门造车。很多时候,我们不能因为测试部门需要开发平台就打破先前已经定义好的流程、工作方式和交互方式。这里给大家举一个例子:平台已经确定有接口导入功能,并且研发部门也提供了类似的文档,但是每个项目组提供给测试部门的格式不尽相同。这时,为了方便测试平台统一处理,测试团队必须和各项目组确定统一的模板格式,研发团队必须按照格式规范提交文档。而有的研发团队已经积累了很多文档,而且也严格按照格式填写了接口信息,测试团队当然就不需要再做太多的改变。尽量不要改变本部门和其他部门的工作习惯、工作流程,也不要因为一些细小的变化而做一些重复性的工作。如果没等到平台需求收集完成,就会让大家感到很多不适,结果可想而知。综合各部门针对自动化测试平台的相关需求并收集意见后,测试部门再进行分析,确定最终要开发的功能需求以及非功能需求,在形成全面的、统一的且明确的平台需求设计文档后,再次和相关部门确认,判断与对应部门的需求是否一致。若不一致,则调整,直至统一、明确。

- 平台开发与工作的平衡:一方面,结合目前各企业的一些实际情况,尽量在平台开发过程中平衡好人力、物力投入,不能因为开发平台而影响到正常的测试工作,甚至影响到产品的质量;另一方面,做任何工作都要结合事情的轻重缓急程度,指定合理的优先级。对于平台的实现,建议先实现核心功能,再实现那些小的辅助性功能。能够在实际工作中应用平台、解决测试问题、提升工作效率、提升产品质量才是最有意义的事情。

- 提供持续的平台支持：一方面，设计和实现平台的人对平台最了解，他们应该在平台设计好之后、投入使用之前，针对平台相关功能的使用，对实际使用者进行培训，同时在使用过程中，在使用者遇到问题时，平台设计人员要及时解决相关问题；另一方面，必须坚持持续使用平台，若平台出现缺陷，就要及时修复，加强平台使用方面的交流，倾听使用者的意见，反应强烈的修改意见一定要修改，提升使用者的满意度。

通常情况下，一款自动化测试平台包含以下功能。

- 项目管理：主要维护项目相关信息，一般来讲，测试针对的都是某个具体的产品或项目，只有在添加项目信息后，才能在项目下设计测试用例、执行测试用例、生成测试报告等。

- 用例管理：测试的核心工作就是用例设计，好的用例能覆盖更多的功能性需求及非功能性需求。用例管理支持新增、修改、删除用例。用例管理不仅包括对独立的单个用例、相互关联用例进行管理，还包括对用例集进行管理。针对不同的软件版本，在测试时都会应用不同的测试策略，不同的测试策略决定了测试用例执行的范围和覆盖度。

- 环境管理：在实际工作中可能涉及很多测试相关的环境，包括测试环境、生产环境、开发环境等。通常情况下，在这些环境中应用的测试脚本都是一样的，那么针对同一套接口的测试脚本，在测试时是不是通过改变 IP 地址或主机域名就可以实现对不同环境的测试呢？把所有的测试环境添加到环境配置文件或数据库中，在执行时，指定要针对哪个环境进行测试，这是大多数自动化测试平台通常采用的处理方式。

- 任务管理：自动化测试平台的任务面向的是要执行的测试用例或用例集。通常情况下，测试用例的执行速度非常快。但是，目前很多敏捷团队在做持续集成、每日构建等，他们会在指定的时间构建软件的测试版本、配置测试环境、执行测试用例，有的企业每天要构建几十次、几百次甚至上千次（也就是每隔几秒、几分钟就构建一次）。当然，如果被测试系统的测试用例数量庞大，可能就需要进行多机分布式并行执行或者对测试用例进行筛检，以满足持续集成、快速构建、及时发现问题的需要。

- 结果分析：任何一款优秀的自动化测试产品不仅会提供美观、直观的结果展示，还会提供与问题产生原因相关的一些信息，从而帮助我们快速定位问题。通常情况下，必须设置检查点或者说设置断言，判断服务器的响应数据中是否包含指定的字符串等。如果发现不一致，就将响应数据、错误消息输出到日志文件中或截取一张图片，以方便测试人员或研发人员进一步定位问题产生的原因。测试不仅关注是否实现了正常的功能，在涉及一些核心业务或经济利益时会不会影响盗刷银行卡、窃取用户账号等信息（安全性测试）同样是非常重要的测试内容。此外，还需要关注功能的稳定性以及性能表现，表现在多次、长时间调用这些功能后，它们是否还能提供正常的页面展现和进行快速响应。
- ❏ 报告生成：一份直观的测试总结报告是自动化测试平台不可或缺的内容，测试报告以表格或图表的形式展现了测试结果。目前，被广泛使用的测试总结报告的格式有 HTML、XML、Excel 和 PDF 等，可以依据自身的实际情况进行选择。
- ❏ 邮件通知：通常情况下，每次测试执行完之后，都会发送一封邮件，邮件的主要内容为每条测试用例的执行结果、测试的通过率以及图表等信息。当然，针对不同的干系人，大家对测试报告详细程度的关注度可能也不太一样。所以，为了设计一份能满足所有相关人阅读习惯的报告模板，需要花费一些心思。
- ❏ 其他功能：除以上功能外，用户管理、用户权限设置、接口参数加解密、任务调度、服务器资源监控、系统设置、日志运行等功能也会受到各企业的关注，纳入自动化测试平台。

目前在 GitHub 上可以找到很多基于 Python 和 Selenium 开发的自动化测试框架或平台，有兴趣的读者可以自行搜索、查看，这里不再赘述。

第 9 章 Docker 基础与操作实战

9.1 Docker 容器简介

Docker 是开源的应用容器引擎，基于 Go 语言并遵从 Apache 2.0 协议。

Docker 还是用于开发、交付和运行应用程序的开放平台。Docker 能将应用程序与基础架构分开，从而可以快速交付软件。借助 Docker，可以以与管理应用程序相同的方式来管理基础架构。通过利用 Docker 快速交付、测试和部署代码，在编写代码后，可快速在生产环境中运行代码。

Windows、Mac、Linux 系统都有对应的 Docker 产品，如图 9-1 所示。

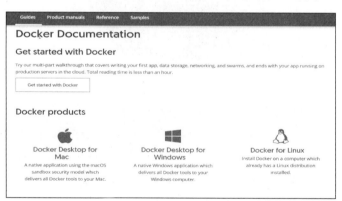

图 9-1　Docker 产品信息

Docker 从 17.03 版本之后分为社区版（Community Edition，CE）和企业版（Enterprise Edition，EE）两个版本，如图 9-2 所示。对于基本功能，社区版可以满足要求。

Docker 提供了在松散隔离的环境（称为容器）中打包和运行应用程序的功能。隔离和安全性使得可以在给定主机上同时运行多个容器。容器是轻量级的，因为它们不需要管理程序的额外负载，而是直接在主机的内核中运行。这意味着与使用虚拟机相比，可以在给定的硬件组合上运行更多的容器。

图 9-2　Docker 社区版和企业版相关的介绍性信息

Docker 引擎的主要组件如图 9-3 所示。其中，服务器是一种长期运行的程序，也称为 Dock 守护进程；REST API 提供的接口可以用来与守护进程进行通信并指示它做什么。

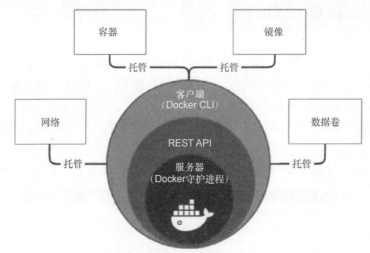

图 9-3　Docker 引擎的主要组件

那么使用 Docker 可以为我们带来哪些好处呢？

❑ **快速且一致地交付应用程序**：Docker 允许开发人员使用所提供的应用程序或服务的本地容器在标准化环境中工作，从而简化开发的生命周期。容器非常适合持续集成和持续交付工作流程。如果开发人员在本地编写代码，并使用 Docker 容器与同事分享。他们使用 Docker 将应用程序推送到测试环境，并执行自动或手动测试。当开发人员发现错误时，他们可以在开发环境中对程序进行修复，然后重新部署到测试环境中，以进行测试和验证。测试完成后，将修补程序推送给生产环境，就像将更新的镜像推送到生产环境一样简单。

❑ **响应式部署和扩展**：Docker 是基于容器的平台，能够承担高度可移植的工作负载。Docker 容器可以在开发人员的本机上、数据中心的物理机或虚拟机上、云服务上或混合环境中运行。Docker 的可移植性和轻量级特性使你可以轻松地承受动态管理的工作负载，并根据业务需求指示，实时扩展或拆除应用程序和服务。

❑ 在同一硬件上运行更多工作负载：Docker 轻巧快速，能为基于虚拟机管理程序的虚拟机提供可行、经济、高效的替代方案，因此可以利用更多的计算能力来实现业务目标。Docker 非常适合于高密度环境以及中小型部署，而你可以用更少的资源做更多的事情。

Docker 使用了客户端/服务器架构，如图 9-4 所示。Docker 客户端与 Docker 守护进程进行通信，Docker 守护进程负责完成构建、运行和分发 Docker 容器的繁重工作。Docker 客户端和 Docker 守护进程可以在同一系统中运行，也可以将 Docker 客户端连接到远程 Docker 守护进程。Docker 客户端和 Docker 守护进程在 UNIX 套接字或网络接口上使用 REST API 进行通信。

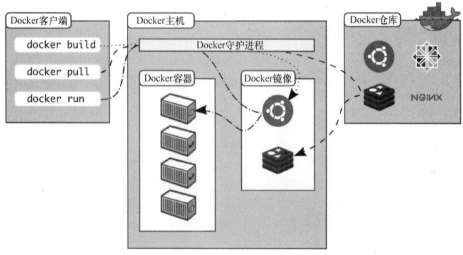

图 9-4　Docker 使用了客户端/服务器架构

Docker 的相关概念请参考表 9-1。

表 9-1　Docker 的相关概念

概念	说明
Docker 守护进程	监听 Docker API 请求并管理 Docker 对象，例如镜像、容器、网络和卷。Docker 守护进程还可以与其他守护进程通信以管理 Docker 服务
Docker 客户端	许多 Docker 用户与 Docker 交互的主要方式。当使用诸如 docker run 的命令时，Docker 客户端会将这些命令发送到 dockerd 以执行这些命令。docker 命令使用了 Docker API。Docker 客户端可以与多个 Docker 守护进程通信
Docker 主机	物理或虚拟的机器，用于执行 Docker 守护进程和容器
Docker 仓库	用来保存 Docker 镜像，每个仓库可以包含多个标签（tag），每个标签对应一个镜像。通常，一个仓库会包含同一个软件的不同版本的镜像，而标签常用于对应软件的各个版本。可以通过格式 <仓库名>:<标签> 来指定具体是这个软件的哪个版本的镜像。如果不给出具体的标签，将以 latest 作为默认标签

续表

概念	说明
Docker 镜像	用于创建 Docker 容器的模板，如 Ubuntu 系统。可以创建自己的镜像，也可以使用其他人创建并在仓库中发布的镜像。要构建自己的镜像，可以使用简单的语法创建 Dockerfile 来定义创建镜像并运行所需的步骤。Dockerfile 中的每条指令都会在镜像中创建一个层。更改 Dockerfile 并重建镜像时，仅重建那些已更改的层。与其他虚拟化技术相比，这是镜像能够如此轻巧、小型和快速的部分原因
Docker 容器	镜像的可运行实例。可以使用 Docker API 或 CLI 创建、启动、停止、移动或删除容器，还可以将容器连接到一个或多个网络，将存储附加到网络，甚至根据它们的当前状态创建新的镜像。默认情况下，容器与其他容器及主机之间的隔离程度相对较高，但是可以根据需要，控制容器的网络、存储或其他基础子系统与其他容器或主机的隔离程度

9.2 Docker 的安装过程

这里主要介绍 Docker 在 CentOS 7.0 和 Windows 10 操作系统中的安装过程。

9.2.1 CentOS 7.0 操作系统中 Docker 的安装过程

由于 Docker 要求 CentOS 系统的内核版本必须高于 3.10，因此必须验证当前 CentOS 的版本是否支持 Docker。执行 uname -r 命令以查看当前 CentOS 的内核版本，如图 9-5 所示。

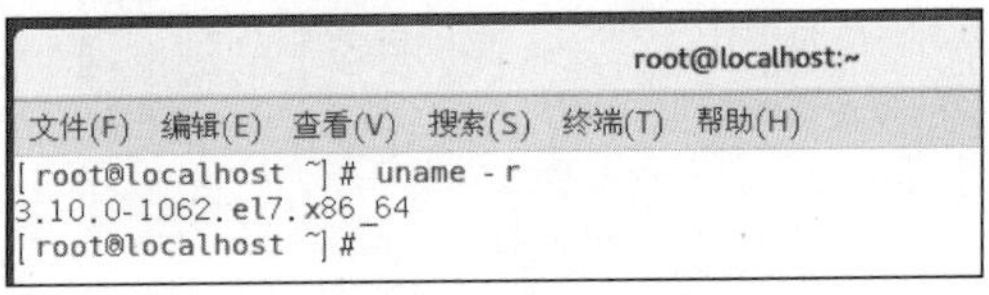

图 9-5 查看 CentOS 的内核版本

可以看到 CentOS 的内核版本满足要求，所以继续进行下一步。

安装 Docker 时，请切换到 root 权限，并执行 yum update 命令以确保 yum 包更新到最新版本。

如果已经安装过 Docker，现在要安装新的 Docker 版本，请执行 yum remove docker docker-common docker-selinux docker-engine 命令以删除先前的版本。

要安装需要的软件包，请执行 yum install -y yum-utils device-mapper-persistent-data lvm2 命令，其中 yum-utils 提供了 yum-config-manager，yum-config-manager 是用来管理镜像仓库及扩展包的工具，device mapper 存储驱动程序需要 device-mapper-persistent-data 和 lvm2。

下面设置镜像源，既可以使用 Docker 提供的镜像源，也可以使用国内一些企业提供的镜像源。

若使用 Docker 官方的镜像源，请执行如下命令：

yum-config-manager --add-repo https://download.docker.com/linux/centos/docker-ce.repo

若使用阿里公司提供的镜像源，请执行如下命令：

9.2 Docker 的安装过程

```
yum-config-manager --add-repo http://mirrors.aliyun.com/docker-ce/linux/centos/docker-ce.repo
```

可根据自身网络情况，有针对性地添加 Docker 镜像源，这里以添加阿里公司提供的镜像源为例，如图 9-6 所示。

```
[root@localhost ~]# yum-config-manager --add-repo http://mirrors.aliyun.com/docker-ce/linux/centos/docker-ce.repo
已加载插件 : fastestmirror, langpacks
adding repo from: http://mirrors.aliyun.com/docker-ce/linux/centos/docker-ce.repo
grabbing file http://mirrors.aliyun.com/docker-ce/linux/centos/docker-ce.repo to /etc/yum.repos.d/docker-ce.repo
repo saved to /etc/yum.repos.d/docker-ce.repo
```

图 9-6 添加阿里公司提供的镜像源到 yum 仓库

接下来，开始正式安装 Docker 的 CE 版本，请执行如下命令。

```
yum install docker-ce
```

在安装过程中，也会安装依赖包，如图 9-7 所示。

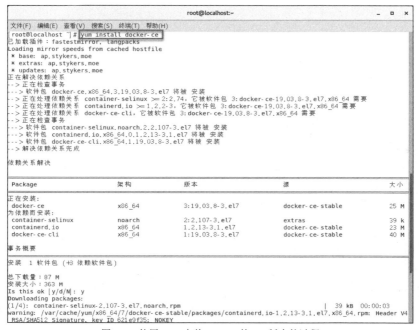

图 9-7 使用 yum 安装 Docker 的 CE 版本的过程

Docker 的 CE 版本安装完之后，可以使用 systemctl start docker 命令启动 Docker 服务。当 Docker 服务启动后，可以使用 docker version 命令查看 Docker 的版本信息，如图 9-8 所示。

如图 9-8 所示，这里安装的是最新的 19.03.8 版本。如果需要安装其他版本，则需要指定版本信息，如 docker-ce-19.03.8。那么问题又来了，如何知道仓库中提供了对应的 Docker 版本呢？可以使用 yum list docker-ce --showduplicates | sort -r 命令查看仓库中可用的版本并按版本号（从高到低）对输出结果进行排序，如图 9-9 所示。

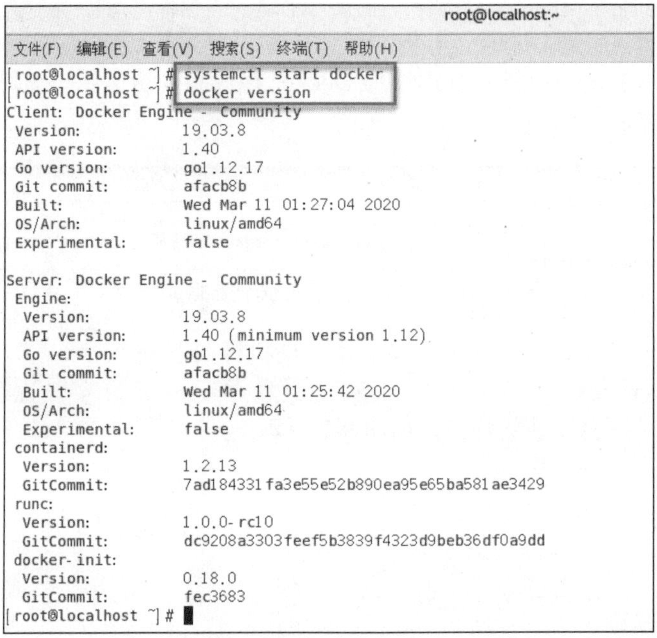

第 9 章 Docker 基础与操作实战

图 9-8 启动 Docker 服务并查看版本信息

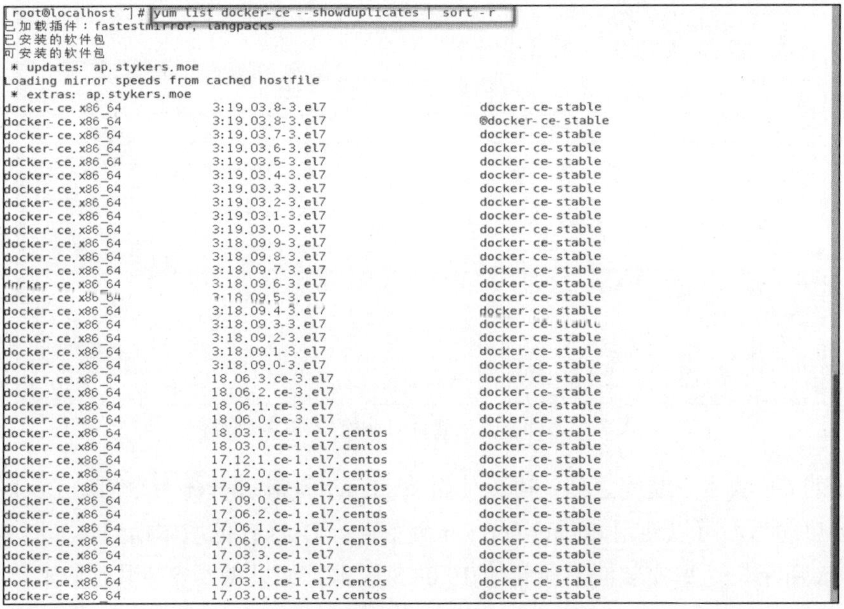

图 9-9 查看仓库中提供的 Docker 版本

可通过完整的软件包名安装特定版本，软件包名由 docker-ce 加上版本字符串（第 2 列）组成，例如 docker-ce-19.03.6。要安装该版本，对应的命令为 yum install docker-ce-19.03.6。

9.2.2　Windows 10 操作系统中 Docker 的安装过程

为了在 Windows 10 操作系统中安装 Docker，需要先开启 Hyper-V。Hyper-V 是微软提供的一款虚拟化产品，是微软第一个采用类似于 VMware ESXi 和 Citrix Xen 的基于 hypervisor 的技术。

为了启用 Hyper-V，首先，在"设置"界面中，单击"程序和功能"，如图 9-10 所示。

图 9-10　单击"程序和功能"

然后，在"卸载或更改程序"界面中，单击"启用或关闭 Windows 功能"。接着，在弹出的"Windows 功能"对话框中，选择 Hyper-V 选项单击"确定"按钮，如图 9-11 所示。待安装完毕后，重新启动计算机。

图 9-11　启用 Hyper-V 的操作步骤

如图 9-12 所示，单击 Download for Windows 按钮以下载 Docker Desktop。下载完毕之后，双击 Docker Desktop Installer.exe 文件，开始配置 Docker Desktop，如图 9-13 所示。

单击 OK 按钮，开始安装过程，安装完毕后将显示图 9-14 所示界面。

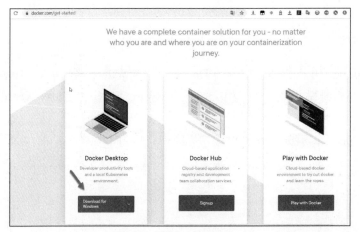

图 9-12　下载 Docker Desktop

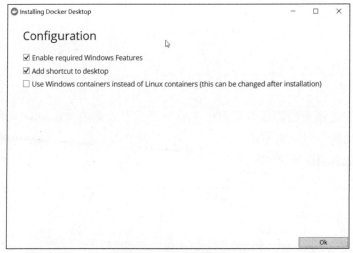

图 9-13　配置 Docker Desktop

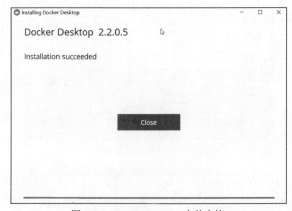

图 9-14　Docker Desktop 安装完毕

单击 Close 按钮，完成 Docker Desktop 2.2.0.5 的安装。

双击桌面上自动生成的 Docker Desktop 快捷方式图标，Docker 启动后，将在 Windows 状态栏中显示 Docker 图标，如图 9-15 所示。

图 9-15 Docker 图标

接下来，可以打开控制台，执行 docker version 命令以查看 Docker 的版本信息，如图 9-16 所示。

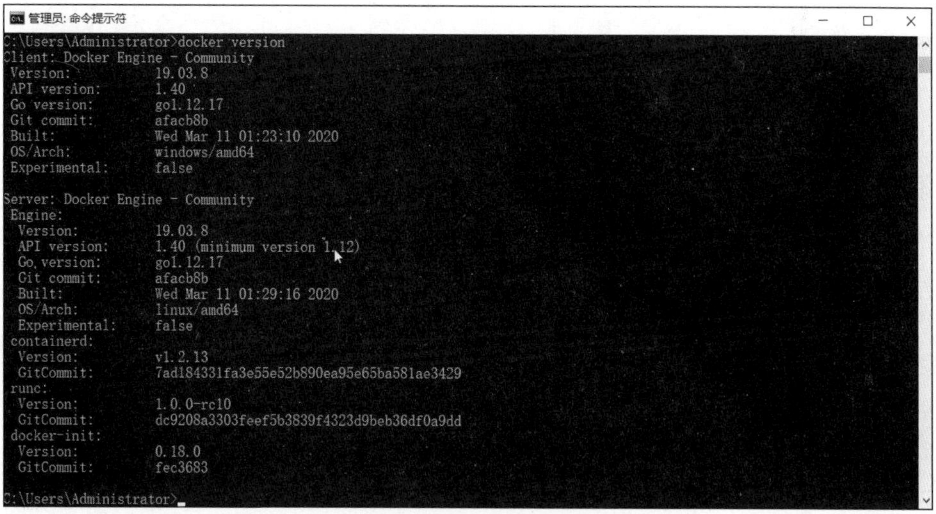

图 9-16 Docker 的版本信息

为了提升 Docker 拉取镜像等操作的速度，这里可以设置一下镜像加速，将镜像仓库地址指向国内的相关站点。右击 Windows 状态栏中的 Docker 图标，在弹出的快捷菜单中选择 Settings 菜单项，如图 9-17 所示。

图 9-17 选择 Settings 菜单项

在打开的 Settings 界面中，单击 Docker Engine 标签页，在 registry-mirrors 部分添加 3 个

国内镜像地址，单击 Apply & Restart 按钮，设置镜像加速，如图 9-18 所示。

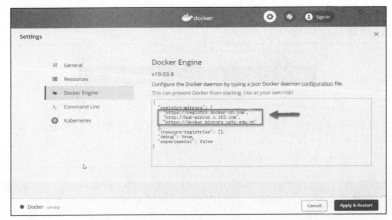

图 9-18　设置镜像加速

接下来，我们以使用 Docker Desktop 为例，展示日常工作中经常会用到的和测试相关的一些 Docker 命令的使用方法。

9.3　Docker 命令实战：帮助命令（docker --help）

进入 Windows 控制台，执行 docker --help 命令就可以查看 Docker 支持的所有命令，如图 9-19 所示。

图 9-19　查看 Docker 支持的所有命令

可以使用 docker run --help 命令查看支持的所有参数及其说明信息，如图 9-20 所示。

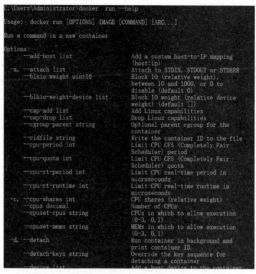

图 9-20　查看支持的所有参数及其说明信息

9.4　Docker 命令实战：拉取镜像（docker pull）

假设现在要拉取 MySQL 5.7 镜像，通常在拉取镜像文件时，都要看一下在 DockerHub 或其他的镜像站点上都有哪些可以拉取的镜像。

在 DockerHub 上搜索 mysql，可以看到共有 20 008 个结果，按照关注和下载量降序显示结果，可以看到官方提供的镜像下载量最大并且关注度最高，如图 9-21 所示。

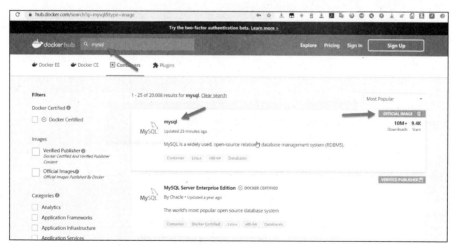

图 9-21　查找 MySQL 镜像的相关信息

单击官网上提供的 mysql，进入详情页，如图 9-22 所示。

图 9-22　官网上提供的 MySQL 镜像的详情页

详情页上显示了 MySQL 镜像的拉取命令。既有可下载的 MySQL 版本，也有下载完镜像后如何使用的说明文字，如图 9-23 所示。

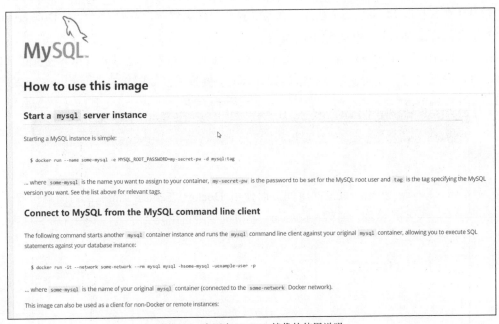

图 9-23　官网上 MySQL 镜像的使用说明

这里，我们拉取 MySQL 5.7，对应的命令为 docker pull mysql:5.7，如图 9-24 所示。

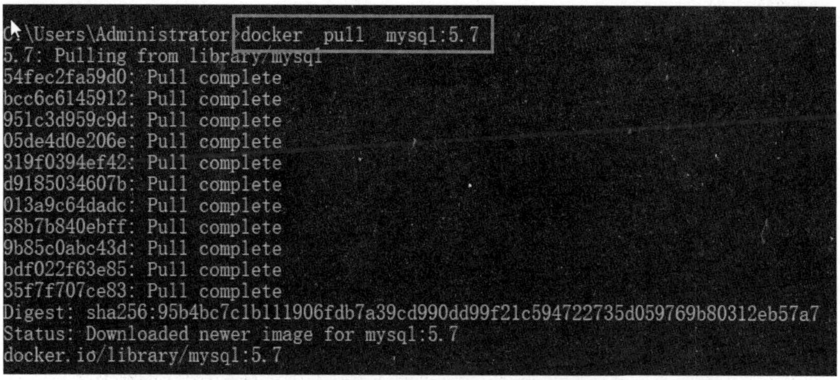

```
C:\Users\Administrator>docker  pull  mysql:5.7
5.7: Pulling from library/mysql
54fec2fa59d0: Pull complete
bcc6c6145912: Pull complete
951c3d959c9d: Pull complete
05de4d0e206e: Pull complete
319f0394ef42: Pull complete
d9185034607b: Pull complete
013a9c64dadc: Pull complete
58b7b840ebff: Pull complete
9b85c0abc43d: Pull complete
bdf022f63e85: Pull complete
35f7f707ce83: Pull complete
Digest: sha256:95b4bc7c1b111906fdb7a39cd990dd99f21c594722735d059769b80312eb57a7
Status: Downloaded newer image for mysql:5.7
docker.io/library/mysql:5.7
```

图 9-24　拉取官网上 MySQL 5.7 镜像的相关信息

9.5　Docker 命令实战：显示本机已有镜像（docker images）

镜像文件拉取完毕后，可以使用 docker images 命令来查看本机上已有的镜像文件，如图 9-25 所示。

```
C:\Users\Administrator>docker images
REPOSITORY          TAG                 IMAGE ID            CREATED             SIZE
mysql               5.7                 5d9483f9a7b2        6 hours ago         455MB

C:\Users\Administrator>
```

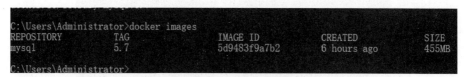

图 9-25　查看本机已有镜像的相关信息

镜像由多个层组成，每层叠加之后，从外部看就像单个独立的对象。镜像内部是一个精简的操作系统，同时还包含应用运行所必需的文件和依赖包。如图 9-25 所示，因为容器的设计初衷就是快速和小巧，所以镜像通常比较小，这里可以看到 MySQL 5.7 的镜像文件只有 455 MB。

在正常安装 MySQL 时，需要先找到匹配的操作系统——CentOS 7.0，再通过使用 yum 来安装，这起码得花费 20min 以上的时间，而使用 Docker 在不到 1 min 的时间就拉取了基于 CentOS 7.0 的 MySQL 镜像。通常，VMware 虚拟机少则占用几吉字节，多则占用上百吉字节。开发环境不可能仅仅使用 MySQL，可能还涉及一些开发环境、第三方库/插件、Web 应用服务器等，为了配置和开发环境完全一致的测试环境，需要花多长时间呢？少则一天，多则几天才能部署完。如果开发人员能将开发环境制作成镜像并分发给测试团队，测试团队就可以花很少的时间，可能不到 10 min 就部署好了，甚至能够在几秒内部署。

9.6 Docker 命令实战：启动容器（docker run）

容器是镜像的运行时实例，用户可以从镜像中启动一个或多个容器。可以使用 docker run 命令来启动容器，该命令支持很多参数，如图 9-26 所示。

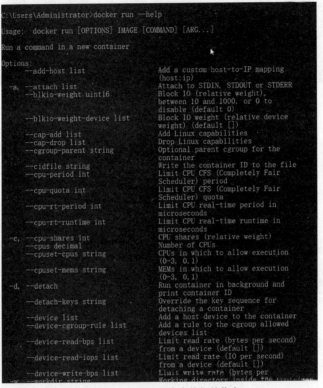

图 9-26 docker run 命令的相关信息

这里只介绍平时经常会用到的几个主要参数。

- -i：以交互模式运行容器。
- -d：指定在后台运行容器并打印容器的 id。
- -t：分配一个伪输入终端设备。
- --name string：为容器指定名称。
- -e：设置环境变量。
- --link：添加链接到另一个容器。
- -P：随机端口映射，将容器内部端口随机映射到主机的高端口。
- -p：指定端口映射，格式为"主机（宿主）端口:容器端口"。

现在就让我们结合刚下载的 MySQL 镜像来创建并启动一个容器。输入如下命令。

```
docker run --name test_mysql -e MYSQL_ROOT_PASSWORD=pwd123456 -d mysql:5.7
```

以上命令的意图是基于 MySQL 5.7 镜像创建并启动一个名为 test_mysql 的容器，设置 MYSQL_ROOT_PASSWORD 环境变量的值为 pwd123456，也就是为 MySQL 的 root 用户创建初始密码 pwd123456。执行完以上命令后，将返回一个容器的 id，如图 9-27 所示。

图 9-27　启动一个容器

9.7　Docker 命令实战：查看运行容器（docker ps）

前面已经创建了一个名为 test_mysql 的容器，那么如何才能查看这个容器呢？可以使用 docker ps 命令，如图 9-28 所示。

图 9-28　列出正在运行的容器

那么显示的每列代表什么含义呢？
- CONTAINER ID：容器的 id。
- IMAGE：使用的镜像。
- COMMAND：启动容器时运行的命令。
- CREATED：容器的创建时间，结合本例是 11min 以前。
- STATUS：容器的状态。
- PORTS：容器的端口信息和使用的连接类型。MySQL 使用的是 3306 端口。
- NAMES：容器的名称。

docker ps 命令支持很多参数，这里介绍如下 4 个经常用到的参数。
- -a：显示所有的容器，包括未运行的容器。
- -n：列出最近创建的 n 个容器。
- -q：静默模式，只显示容器编号。
- -s：显示文件的大小。

9.8 Docker 命令实战：在容器中运行命令（docker exec）

可以使用 docker exec 命令进入容器并运行指定的命令，这里进入先前创建的 test_mysql 容器并执行 bash 命令。

```
docker exec -i -t test_mysql /bin/bash
```

运行以上命令后，就会发现已进入 test_mysql 容器，如图 9-29 所示。

图 9-29 已进入 test_mysql 容器

进入容器之后，就可以像进入正常的 CentOS 7.0 一样，正常执行相关的命令操作了。因为 test_mysql 容器已经安装了 MySQL 5.7，并且已经设置了 root 用户的初始密码，所以可以使用 root 用户和密码 pwd123456 登录 MySQL 了，如图 9-30 所示。

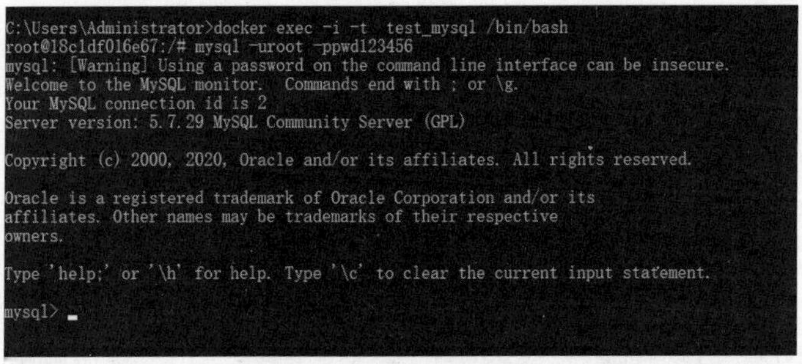

图 9-30 在容器中登录 MySQL

这里在 MySQL 中创建了一个数据库，名为 testdb，如图 9-31 所示。

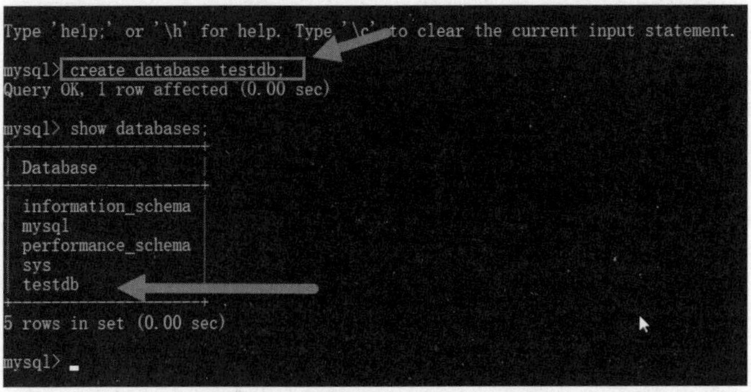

图 9-31 创建名为 testdb 的数据库

如果要从容器中退出，可以执行 exit 命令，如图 9-32 所示。

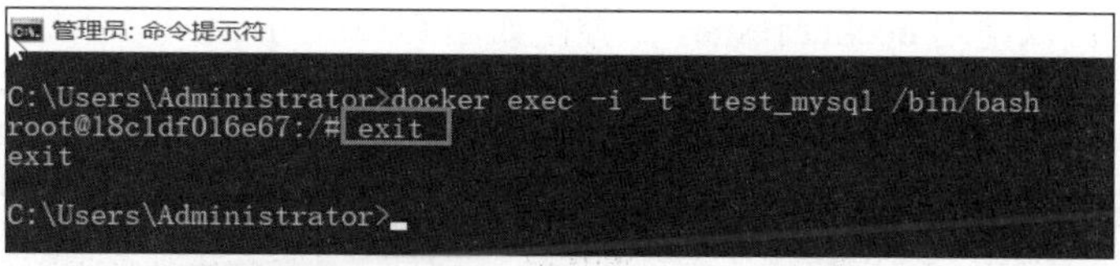

```
C:\Users\Administrator>docker exec -i -t test_mysql /bin/bash
root@18c1df016e67:/# exit
exit
C:\Users\Administrator>
```

图 9-32　从容器中退出

docker exec 命令也支持很多参数，下面也介绍 4 个经常用到的参数。
- -d：在后台运行。
- -i：即使没有连接，也保持 stdin 打开。
- -t：分配一个伪终端。
- -w：容器内的工作目录。

9.9　Docker 命令实战：停止容器运行（docker stop）

就像停止某个服务一样，Docker 容器也可以停止运行。除指定容器名称外，还可以使用容器的 id 来停止容器运行，如图 9-33 所示。

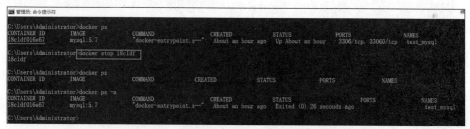

图 9-33　停止容器运行

这里我们先查看处于运行状态的容器，可以看到，正在运行的只有名为 test_mysql 的容器，对应的容器 id 为 18c1df016e67，使用 docker stop 18c1df 命令就可以让这个容器停止运行。这里的 18c1df 为容器 id 的前 6 个字符，甚至只输入 18，也能达到停止这个容器运行的目的，因为这里没有以 18 开头的别的容器。当运行的容器停止后，再次执行 docker ps 命令时就会发现已经查询不到对应容器的信息了。如果希望查看所有容器的信息，包括未运行的容器，可以执行 docker ps -a 命令。

9.10　Docker 命令实战：启动/重启容器（docker start/restart）

既然容器可以停止，那么肯定也能启动或重启。若容器已停止运行，则可以使用 docker start

命令启动处于停止运行状态的容器，如图 9-34 所示。

要重启容器，可以使用 docker restart 命令，如图 9-35 所示。

图 9-34　启动处于停止运行状态的容器

图 9-35　重启容器

9.11　Docker 命令实战：查看容器元数据（docker inspect）

可以使用 docker inspect 命令查看容器/镜像的元数据。这里以查看容器 test_mysql 为例，如图 9-36 所示。

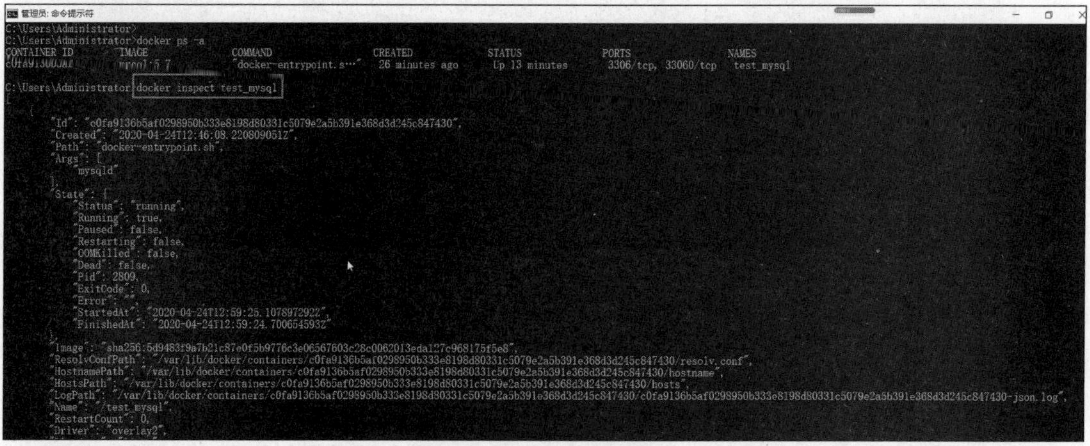

图 9-36　查看容器元数据

在图 9-36 中，可以看到有非常多的内容，但是通常我们关心的可能是容器的 IP 地址，那么如何只显示与容器对应的 IP 地址呢？

可以使用如下命令获得与容器对应的 IP 地址。

```
docker inspect test_mysql --format='{{.NetworkSettings.IPAddress}}'
```

如图 9-37 所示，可以看到执行以上命令后就会输出与容器对应的 IP 地址。

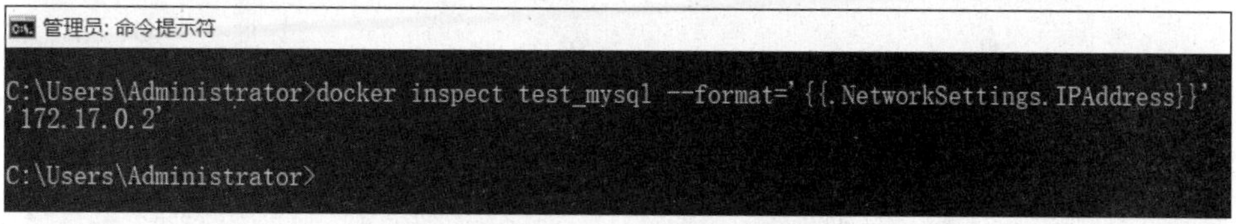

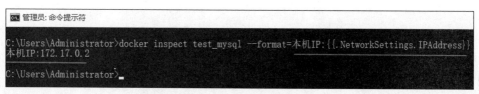

图 9-37 显示与容器对应的 IP 地址

在使用 docker inspect 命令时，主要用到的是 --format 参数，这个参数可通过给定的 Go 语言模板来格式化输出的内容。为了使输出看起来更明确，可以对上面的命令进行完善，如下所示。

```
docker inspect test_mysql --format=本机 IP:{{.NetworkSettings.IPAddress}}
```

对应的输出如图 9-38 所示。

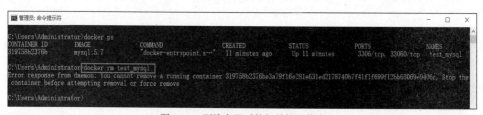

图 9-38 格式化输出的内容

9.12 Docker 命令实战：删除容器（docker rm）

可以使用 docker rm 命令删除容器，但是当删除正处于运行状态的容器时，将会出现相关提示信息，如图 9-39 所示。

图 9-39 删除容器时的相关提示信息

根据提示信息，在删除容器前，必须先停止运行容器，或者强制删除容器。

如图 9-40 所示，在停止正在运行的容器之后，当再次执行容器删除命令时，你将发现容器能够成功删除。

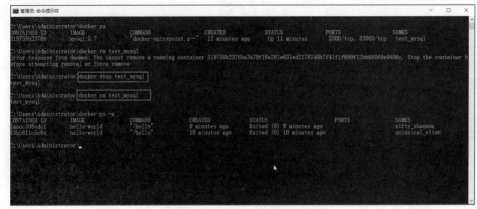

图 9-40　停止运行后再删除容器

当然，也可以使用 -f 参数强制删除正在运行的容器，如图 9-41 所示。

图 9-41　强制删除正在运行的容器

9.13　Docker 命令实战：删除镜像（docker rmi）

可以使用 docker rmi 命令删除镜像，但是当删除正在引用的镜像时，将会出现相关提示信息，如图 9-42 所示。

使用 -f 参数可以强制删除镜像，删除镜像后，再次查看镜像时你会发现已删除的镜像虽然消失了，但基于这个镜像创建的容器依然存在，如图 9-43 所示。

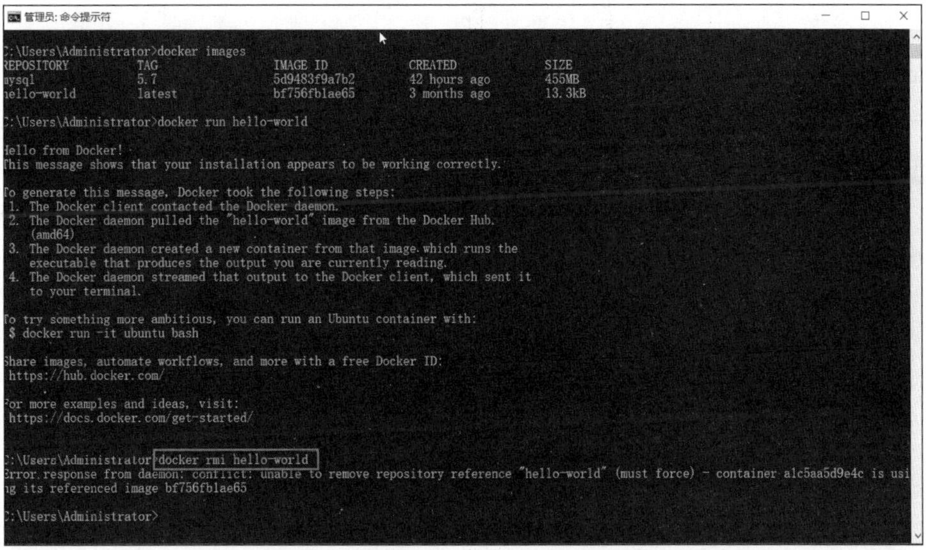

9.14 Docker 命令实战：导出容器（docker export）

图 9-42　删除正在引用的镜像时的提示信息

图 9-43　强制删除镜像后，基于这个镜像创建的容器依然存在

9.14　Docker 命令实战：导出容器（docker export）

从事研发相关工作（包括开发、测试和运维）的读者一定都很清楚，在部署过程中可能会出现很多问题，耗时耗力，那么当研发人员在 Docker 容器中部署好环境后，测试人员能够拿来直接就用吗？如果测试人员准备了一些带测试数据、对应版本的 Web 应用服务器、数据库等容器，我们能不能将它们导出，在后续测试过程中复用这些容器呢？回答是可以！这里仅以复用 test_mysql 容器为例介绍一下。

因为前面已经将 test_mysql 容器删除了，所以现在重新创建 test_mysql 容器，关于创建、启动容器、在容器的 MySQL 中创建数据库及数据表的过程，这里不再赘述，请大家看具体的命令，如下所示。

```
docker run --name test_mysql -v C:\Users\Administrator\docker\mysql\data:/var/lib/mysql -e MYSQL_ROOT_PASSWORD=pwd123456 -d mysql:5.7
docker exec -it test_mysql /bin/bash
```

这里为了实现数据的持久化使用了卷（-v 参数），并建立了 C:\Users\Administrator\docker\mysql\data 目录，然后挂载到容器的/var/lib/mysql 目录。

挂载后，容器的/var/lib/mysql 目录下的所有文件将会自动被同步复制到宿主机的 C:\Users\Administrator\docker\mysql\data 目录，如图 9-44 所示。

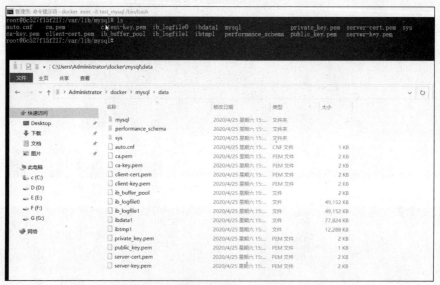

图 9-44　容器和宿主机对应的挂载目录文件

接下来，登录 MySQL 数据库，创建一个名为 yuytest 的数据库，再创建一个名为 man 的数据表，在其中插入两条记录，进行查询。对应的命令如图 9-45 所示。

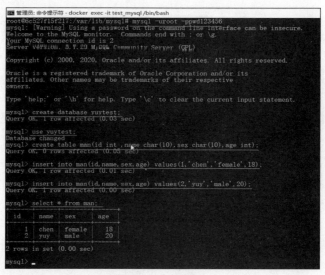

图 9-45　对应的命令

9.15 Docker 命令实战：从 tar 文件中创建镜像（docker import）

如图 9-46 所示，输入如下命令。

```
docker export test_mysql -o yu_test.tar
```

图 9-46 导出容器

-o 参数用来指定目标输出文件，以上命令的意思是将 test_mysql 容器导出到 yu_test.tar 文件中。

9.15 Docker 命令实战：从 tar 文件中创建镜像（docker import）

前面创建了 yu_test.tar 文件，那么如何利用它呢？

为了更加直观，这里删除所有的容器和镜像，并从 yu_test.tar 文件创建一个名为 yuy、标签为 v1 的镜像文件，如图 9-47 所示。

图 9-47 从 tar 文件创建镜像

如图 9-48 所示，使用 docker run --name yu_mysql -v C:\Users\Administrator\docker\mysql\data:/var/lib/mysql -e MYSQL_ROOT_PASSWORD=pwd123456 -d -p 33062:3306 yuy:v1 /entrypoint.sh mysqld 命令，挂载数据库相关内容到容器，而后进入容器，执行数据库的相关操作，你会发现先前创建的数据库和数据表都存在。这里需要提醒大家的是，如果分发给其他人员，那么需要复制 tar 文件和对应的挂载目录才可以正常执行。通过这种方式部署测试环境能够极大提升测试的工作效率，建议测试团队在有条件的情况下，采用这种方式。

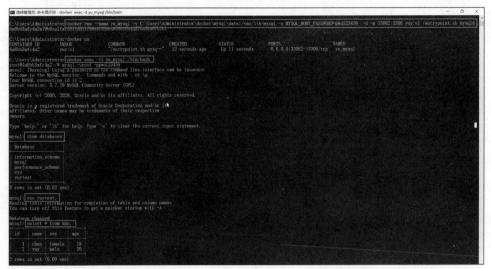

图 9-48 创建基于 tar 文件导入的容器并查看数据表

Docker 还提供了很多其他命令,由于本书主要从测试角度出发,因此只讲解了其中一部分命令的使用方法。如果对 Docker 非常感兴趣,建议自行阅读相关书籍。

第 10 章 基于 Docker 与 Selenium Grid 的测试技术

10.1 Selenium Grid 简介

尽管即将推出的 Selenium 4.0 对 Selenium Grid 的一些新特性进行了说明（截至本书完稿时，Selenium 4.0 尚未正式发布），但是从目前看，官方并没有太多详细文档供大家参考，所以本书仍结合目前广泛使用的 Selenium Grid 版本进行讲解。

参见官网上的描述，Selenium Grid 是智能代理服务器，允许 Selenium 将测试命令路由到远程 Web 浏览器实例，目的是提供一种在多台计算机上并行运行测试的简便方法。使用 Selenium Grid，一台服务器可以充当将 JSON 格式的测试命令路由到一个或多个已注册 Grid 节点的中枢，以获得对远程浏览器实例的访问。Selenium Grid 允许我们在多台计算机上并行运行测试，并集中管理不同的浏览器版本和浏览器配置。

如图 10-1 所示，可以看到 Selenium Grid 主要由 Hub 和 Node 两部分构成。可以使用 Python、Java、C#等语言编写和测试 Selenium 脚本，每个 Selenium Grid 仅有一个 Hub，客户端脚本可以指定连接到这个 Hub（主控节点或者叫集线器），Hub 接收客户端脚本的运行测试请求，同时将这些测试请求分发到已注册的一个或多个节点以执行并收集运行结果。Selenium Grid 中可以有一个或多个 Node（节点）。作为节点的机器不必与 Hub 或其他 Node 具有相同的操作系统或浏览器。换言之，某个 Node 可能使用的是 Windows 操作系统，而在 Windows 操作系统中安装的是 Internet Explorer 浏览器，另外的 Node 可能使用的是 Linux 操作系统、macOS，而它们安装的浏览器可能是 Firefox、Safari、Chrome 等。这些 Node 的设置结合测试来讲，就是看想做哪些操作系统和浏览器版本的兼容性测试，在实际工作中请结合测试执行计划和策略进行选择。

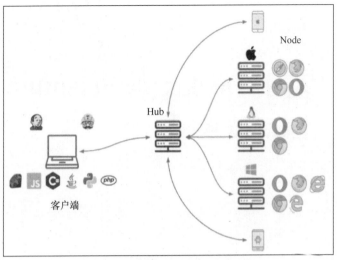

图 10-1　Selenium Grid 的组件构成

10.2　基于 Docker 的 Selenium Grid 的相关配置

Docker Hub 提供了 Selenium Grid 的相关镜像文件以供使用，如图 10-2 所示。

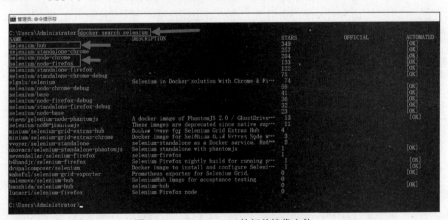

图 10-2　Selenium Grid 的相关镜像文件

这里，我们使用 docker pull 命令分别将这 3 个镜像文件拉取下来，对应的拉取命令如下。

```
docker pull selenium/hub
docker pull selenium/node-chrome
docker pull selenium/node-firefox
```

拉取镜像文件到本地后，可以使用 docker images 命令查看一下相关镜像的信息，如图 10-3 所示。

```
管理员: 命令提示符
C:\Users\Administrator>docker images
REPOSITORY              TAG      IMAGE ID       CREATED         SIZE
yuv                     v1       05a66363c218   18 hours ago    449MB
mysql                   5.7      5d9483f9a7b2   2 days ago      455MB
selenium/node-firefox   latest   3cb363ed7dc0   2 weeks ago     837MB
selenium/node-chrome    latest   c3454acccbb6   2 weeks ago     908MB
selenium/hub            latest   fc6accc9b9e2   2 weeks ago     263MB
```

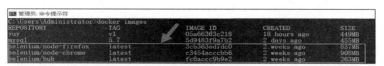

图 10-3　Selenium Grid 的相关镜像信息

这里我们先测试一下 Hub 与 Node 之间的连通性。

创建并启动 Hub 容器，如图 10-4 所示。

```
C:\Users\Administrator>docker run -p 4444:4444 -d --name hub selenium/hub
060c667a8c21ef40acb232a3a48d495ede52d2571193c80c0af003fd195f98df
```

图 10-4　创建并启动 Hub 容器

创建并启动 chromenode 容器节点，如图 10-5 所示。

```
C:\Users\Administrator>docker run -d -P -p 5900:5900 --name chromenode --link hub selenium/node-chrome
ce186bb432683c1e4b8b6314d34916bab0390c312cac30e3314a908884ddbe00
```

图 10-5　创建并启动 chromenode 容器节点

创建并启动 firefoxnode 容器节点，如图 10-6 所示。

```
C:\Users\Administrator>docker run -d -P -p 5901:5900 --name firefoxnode --link hub selenium/node-firefox
02a4063d669b10c6d4bddf9cd7efee4e3de3fcf9728320d7712544021a87ef5b
```

图 10-6　创建并启动 firefoxnode 容器节点

接下来，在本机浏览器的地址栏中输入 http://localhost:4444/grid/console 并按 Enter 键，打开 Selenium Grid 的控制台，出现图 10-7 所示页面。

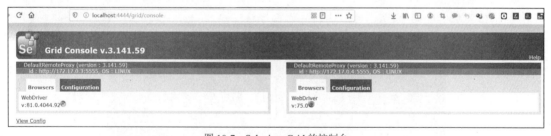

图 10-7　Selenium Grid 的控制台

从图 10-7 可知，当前使用的 Selenium Grid 版本为 3.141.59，连接到 Hub 的两个 Node 中，IP 地址为 172.17.0.4 的 Linux 操作系统使用的是 75.0 版本的 Firefox 浏览器，IP 地址为 172.17.0.3 的 Linux 操作系统使用的是 81.0.4044.92 版本的 Chrome 浏览器。默认情况下，Hub 使用的是 4444 端口，而 Node 在本例中使用的是 5555 端口。如果在同一个容器中出现端口冲突等情况，则需要根据实际情况进行调整以避免端口冲突情况再次发生。

10.3 基于 Docker + Selenium Grid 的案例演示

下面结合 Bing 搜索案例在 Chrome 和 Firefox 浏览器中实现兼容性测试。在经过对 Selenium、Docker 和 Selenium Grid 相关知识的学习后，你想到了什么？是不是通过使用 Docker + Selenium Grid 就能够完成基于不同浏览器的兼容性测试呢？是的，这确实是个好主意。

但是，为了让 Selenium 测试脚本在不同的浏览器中运行，又需要做些什么呢？

在脚本设计上，需要做一些改变。通常情况下，要在脚本运行时指定主机和端口号，使用的脚本如下。

```python
import time
from selenium import webdriver
from selenium.webdriver.common.desired_capabilities import DesiredCapabilities

driver = webdriver.Remote(
    command_executor='http://192.168.1.102:4444/wd/hub',
    desired_capabilities=DesiredCapabilities.CHROME)

base_url = 'https://cn.bing.com'
driver.get(base_url)
driver.save_screenshot('chrome.png')
driver.close()
```

通常在执行时，只需要指定 Hub 的地址（http://192.168.1.102:4444/wd/hub）。这里宿主机的 IP 地址信息如图 10-8 所示，Hub 会将脚本自动分配给 Node 去执行。

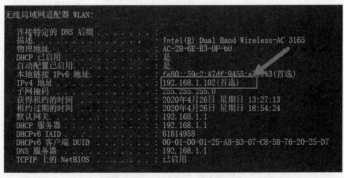

图 10-8　宿主机的 IP 地址信息

- command_executor：选填参数，可指定远程服务器的 URL 字符串或自定义远程连接，默认为 http://127.0.0.1:4444/wd/hub。
- desired_capabilities 参数：必填参数，可根据情况配置为在启动浏览器会话时请求功能字典。这里我们使用的是 DesiredCapabilities.CHROME，对应的源代码如下所示。

```python
class DesiredCapabilities(object):
    """
    Set of default supported desired capabilities.

    Use this as a starting point for creating a desired capabilities object for
    requesting remote webdrivers for connecting to selenium server or selenium grid.

    Usage Example::

        from selenium import webdriver

        selenium_grid_url = "http://198.0.0.1:4444/wd/hub"

        capabilities = DesiredCapabilities.FIREFOX.copy()
        capabilities['platform'] = "WINDOWS"
        capabilities['version'] = "10"

        driver = webdriver.Remote(desired_capabilities=capabilities,
                                  command_executor=selenium_grid_url)

    Note: Always use '.copy()' on the DesiredCapabilities object to avoid the side
    effects of altering the Global class instance.
    """

    FIREFOX = {
        "browserName": "firefox",
        "acceptInsecureCerts": True,
    }

    INTERNETEXPLORER = {
        "browserName": "internet explorer",
        "version": "",
        "platform": "WINDOWS",
    }

    EDGE = {
        "browserName": "MicrosoftEdge",
        "version": "",
        "platform": "ANY"
    }

    CHROME = {
        "browserName": "chrome",
        "version": "",
        "platform": "ANY",
```

```python
    }

    OPERA = {
        "browserName": "opera",
        "version": "",
        "platform": "ANY",
    }

    SAFARI = {
        "browserName": "safari",
        "version": "",
        "platform": "MAC",
    }

    HTMLUNIT = {
        "browserName": "htmlunit",
        "version": "",
        "platform": "ANY",
    }

    HTMLUNITWITHJS = {
        "browserName": "htmlunit",
        "version": "firefox",
        "platform": "ANY",
        "javascriptEnabled": True,
    }

    IPHONE = {
        "browserName": "iPhone",
        "version": "",
        "platform": "MAC",
    }

    IPAD = {
        "browserName": "iPad",
        "version": "",
        "platform": "MAC",
    }

    ANDROID = {
        "browserName": "android",
        "version": "",
        "platform": "ANDROID",
    }

    PHANTOMJS = {
```

```
        "browserName": "phantomjs",
        "version": "",
        "platform": "ANY",
        "javascriptEnabled": True,
    }

    WEBKITGTK = {
        "browserName": "MiniBrowser",
        "version": "",
        "platform": "ANY",
    }

    WPEWEBKIT = {
        "browserName": "MiniBrowser",
        "version": "",
        "platform": "ANY",
    }
```

从 DesiredCapabilities 类的源码可知 DesiredCapabilities.CHROME 是 DesiredCapabilities 类定义的字典对象。

这里采用多线程的方式，分别在 Chrome 和 Firefox 浏览器中执行 Bing 搜索业务。
Grid_Test.py 文件的内容如下。

```python
from threading import Thread
from selenium import webdriver
from time import sleep,ctime
from selenium.webdriver.common.by import By

def Test_Bing(Host, Browser):
    caps = {'browserName': Browser}
    driver = webdriver.Remote(command_executor=Host, desired_capabilities=caps)
    driver.get('http://www.bing.com')
    driver.find_element(By.ID,'sb_form_q').send_keys('异步社区')
    driver.find_element(By.ID,'sb_form_go').click()
    PicName=Browser+'_result'+'.png'
    driver.save_screenshot(PicName)
    assert ('没有与此相关的结果' not in driver.page_source)
    sleep(2)
    driver.close()

if __name__ == '__main__':
    pcs = {'http://192.168.1.102:4444/wd/hub': 'chrome',
           'http://localhost:4444/wd/hub': 'firefox'
           }
    threads = []
    tds=range(len(pcs))
```

```
#创建线程
for host, browser in pcs.items():
    t = Thread(target=Test_Bing, args=(host, browser))
    threads.append(t)

#启动线程
for i in tds:
    threads[i].start()
for i in tds:
    threads[i].join()
```

从上面的脚本可以看到,这里创建了一个名为 Test_Bing() 的函数,它包含两个参数,分别用来指定主机和浏览器。这个函数的执行意图就是根据远程服务器的 URL 字符串和传入的浏览器名称字符串,在对应的浏览器中执行搜索业务,且搜索词为"异步社区"。然后对执行结果进行截图,截图的名称为对应浏览器的名称加上_result.png,最后对搜索结果进行断言。需要说明的是,这里进行截图的目的不仅是看一下结果,还要看一下执行过程。在使用 Selenium Grid 时,由于测试过程中不会出现浏览器,因此看不到执行过程。如果还想看看不同的容器在执行过程中的界面,那么可以使用 VNC Viewer 连接到对应的容器(但需要下载对应的 selenium/node-firefox-debug 和 selenium/node-chrome-debug 镜像文件,以 debug 结尾的镜像都带有 VNC 服务器,在本机上安装 VNC 客户端后即可远程连接。5900 端口为 VNC Viewer 的监听端口,因此做了端口映射),如图 10-9 和图 10-10 所示。

图 10-9 创建并启动 Debug 版本的节点容器

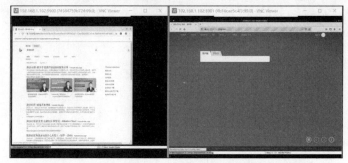

图 10-10 使用 VNC Viewer 观察节点容器的脚本执行情况

事实上,这对于测试工作并没有太多意义,因而不做太多文字赘述。

主函数定义了一个包含两个元素的字典,这里虽然使用了同一个地址,但采用的是两种不同的表示方式（宿主机的 IP 地址为 192.168.1.102），而 localhost 也表示宿主机。那么为什么不都用 192.168.1.102 或 localhost 呢？这是因为字典的键（key）是不允许重复的。接下来，我们创建了一个线程列表，以 pcs 字典的键、值作为 Test_Bing() 函数的参数添加到这个线程列表中，而后启动这个线程列表中的各个线程。

在运行脚本前，需要保证创建并启动 Hub 和 Node 容器（这里应用的是非 Debug 版本的 Node 镜像），如图 10-11 所示。

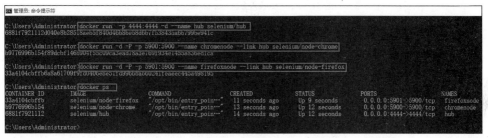

图 10-11　创建并启动 Hub 和 Node 容器

脚本执行完毕后，将会生成 chrome_result.png 和 firefox_result.png 两个图片文件，如图 10-12 所示。

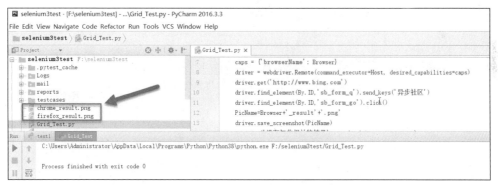

图 10-12　脚本执行完毕后生成的图片文件

在本次兼容性测试中，这两个浏览器执行了相同的 Bing 搜索业务，它们的页面展示、布局、内容基本是相同的，但存在两个小的问题。第一个小问题就是在 Chrome 浏览器中搜索到的结果有 855 000 条（见图 10-13），而在 Firefox 浏览器中搜索到的结果有 859 000 条（见图 10-14），它们是不一致的。另一个小问题是，Firefox 浏览器会显示 Sign in 和登录图标，而 Chrome 浏览器没有。从理论上讲，这是两个严重度级别较低的小 Bug，建议针对这两个小的差异，与产品及研发人员再确认一下，产品、测试及研发人员应统一、明确需求，明确后再修改需求或代码，使两者保持一致。

图 10-13　在 Chrome 浏览器中搜索到的结果

图 10-14　在 Firefox 浏览器中搜索到的结果

第 11 章 基于 Docker、Jenkins 与 Selenium 实现分布式自动化测试

11.1 Jenkins 简介

Jenkins 不仅是独立的开源软件项目，还是独立的开源自动化服务器，可用于自动化与构建、测试、交付或部署软件相关的各种任务。Jenkins 可以通过本地系统包、Docker 安装，甚至可由任何安装了 Java 运行时环境（JRE）的机器独立运行。

随着软件开发复杂度的不断提高，团队成员如何更好、有效地协同工作，确保软件产品的质量，已经成为软件开发过程中必须面对的实际问题。随着敏捷和 DevOps 在软件工程领域的应用越来越广泛，如何能在不断变化的需求中快速及时地响应并按时、保质、保量提交品质优良的软件产品变得愈发重要。持续集成是针对这类问题的一种软件开发实践。持续集成倡导团队开发成员必须经常集成他们的工作产出物，每天少则进行一次、多则进行几百次甚至上万次的集成。通常情况下，每次集成都要通过自动化手段来进行构建、验证，包括软件产品的源代码下载、源代码编译、产品发布、环境部署和自动化测试等。通过自动化手段快速、持续地反馈当前产品质量，快速发现集成问题并解决问题，从而为团队节省研发时间并提升产品质量。

Jenkins 具有以下主要特点。

- 易于安装：Windows 操作系统、Linux 操作系统和 macOS 都有对应的 Jenkins 软件包，且安装部署简单。
- 配置简单：Jenkins 提供了友好的 Web 界面，可以轻松进行配置和设置。
- 插件丰富：Jenkins 拥有数百个插件，几乎包含持续集成和持续交付工具链中的所有工具。
- 易于扩展：可以依据 Jenkins 的插件架构进行扩展。
- 分布式协同：Jenkins 支持分布式，可以跨多台计算机分配工作，更快地完成构建、测试和部署工作。

❑ 持续集成与持续交付：Jenkins 可以用作简单的持续集成服务器，也可以用作项目的持续交付中心。

11.2 Jenkins 的安装与配置过程

这里以安装目前最新的用于 Windows 操作系统的稳定版本 2.231 为例，介绍 Jenkins 的安装过程。考虑到网速原因，这里从清华镜像站点下载安装程序，如图 11-1 所示。

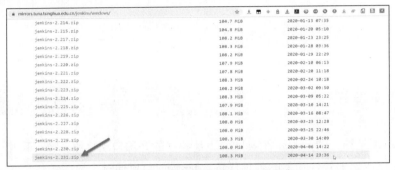

图 11-1　Windows 版本的 Jenkins 安装程序

需要注意的是，运行 Jenkins 时要求必须使用 1.8 以上的 Java 版本，所以需要提前安装。JDK 的安装非常简单，网上也有很多资料供大家参考，这里不再赘述。

将 jenkins.msi 文件下载到本地后，双击安装程序，打开安装向导，如图 11-2 所示。

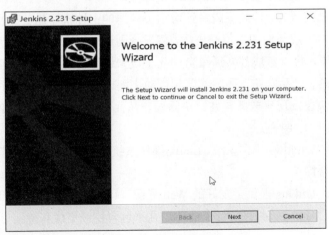

图 11-2　打开安装向导

单击 Next 按钮，弹出目标路径选择对话框，这里不对目标路径做更改，如图 11-3 所示。

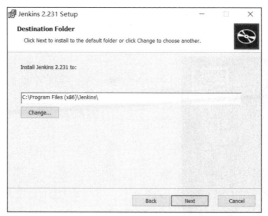

图 11-3　目标路径选择对话框

单击 Next 按钮，进入准备安装对话框，如图 11-4 所示。

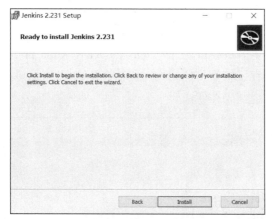

图 11-4　准备安装对话框

单击 Install 按钮，开始安装，如图 11-5 所示。

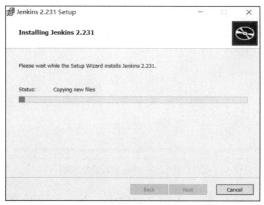

图 11-5　开始安装 Jenkins

待安装完毕后，将显示安装完成对话框，如图 11-6 所示。

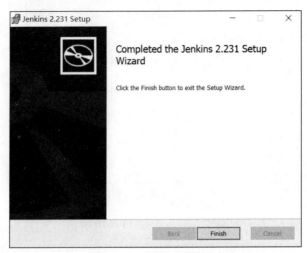

图 11-6　安装完成对话框

单击 Finish 按钮，浏览器将会自动打开 Jenkins 页面，如图 11-7 所示。在 Jenkins 页面上，用红色文字标识的文件保存了管理员的初始密码，打开这个文件，复制密码并粘贴到"管理员密码"文本框中，单击"继续"按钮。

图 11-7　复制并粘贴管理员密码

如图 11-8 所示，在显示的"新手入门"页面上，单击"安装推荐的插件"。

11.2 Jenkins 的安装与配置过程

图 11-8　单击"安装推荐的插件"

如图 11-9 所示，接下来将开始安装推荐的 Jenkins 插件。

图 11-9　安装推荐的 Jenkins 插件

如图 11-10 所示，如果需要设置管理员用户，可输入相关内容，单击"保存并完成"按钮。

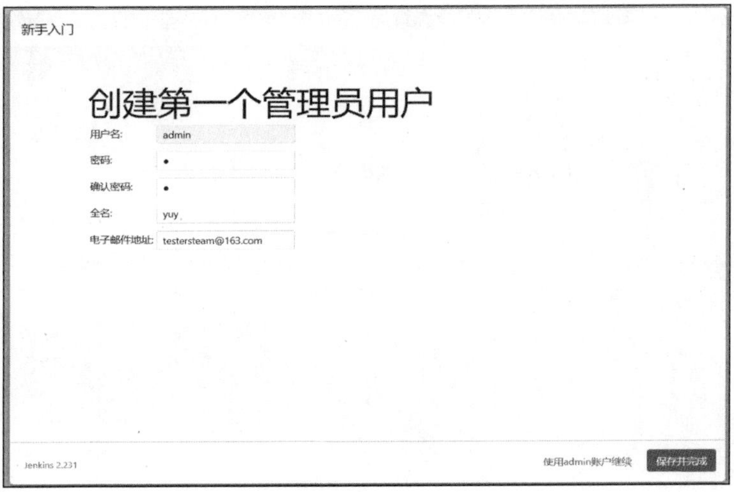

图 11-10　设置管理员用户

如图 11-11 所示，还可以在实例配置页面上配置 Jenkins 的 URL 和端口作为 Jenkins 提供相关资源的根地址，单击"保存并完成"按钮。

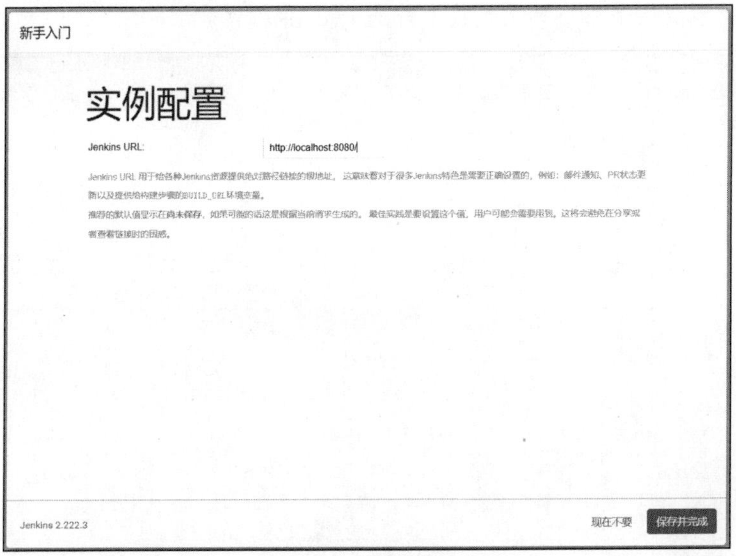

图 11-11　实例配置页面

配置完成后，将出现 Jenkins 就绪页面，如图 11-12 所示。

单击"开始使用 Jenkins"按钮，将出现 Jenkins 的欢迎页面，如图 11-13 所示。

这里还可以根据自身的需要安装基于 Selenium 的相关插件，在"可选插件"选项卡中搜索 Selenium，将显示与 Selenium 相关的一些插件，如图 11-14 所示。大家可以进行选择性安装，单击"直接安装"按钮，就可以安装选中的插件。

11.2　Jenkins 的安装与配置过程

图 11-12　Jenkins 就绪页面

图 11-13　Jenkins 的欢迎页面

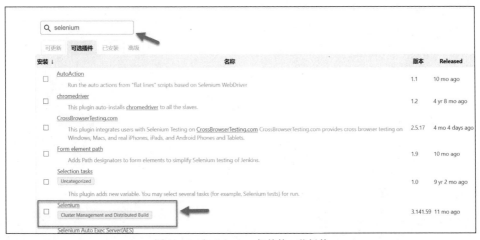

图 11-14　与 Selenium 相关的一些插件

第 11 章　基于 Docker、Jenkins 与 Selenium 实现分布式自动化测试

如图 11-15 所示，搜索并安装 HTML Publisher plugin 插件，因为后续会用到。

图 11-15　搜索并安装 HTML Publisher plugin 插件

11.3　基于 Selenium + UnitTest 提高自动化测试的执行效率

前面已经介绍了 Selenium、UnitTest、PageObject、HTMLTestRunner 等方面的知识和案例。你都掌握了吗？同时在实际的工作中，你可能发现存在一定的执行效率问题。这里仍结合 Bing 搜索业务举一个实际的例子。

创建一个名为 Bing_Search 的项目，对应的目录结构和文件信息如图 11-16 所示。

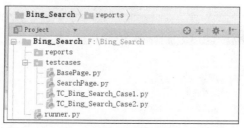

图 11-16　Bing_Search 项目的目录结构和文件信息

BasePage.py 文件的内容如下。

```
class BasePage():
    def __init__(self,driver):
        self.driver=driver
        self.base_url='https://cn.bing.com'
        self.timeout=15

    def open(self):
        self.driver.maximize_window()
        self.driver.get(self.base_url)

    #元素定位方法,*loc 表示可以传入的参数数量不确定
    def find_element(self,*loc):
        return self.driver.find_element(*loc)
```

SearchPage.py 文件的内容如下。

```
from BasePage import *
from selenium.webdriver.common.by import By
from time import sleep


class SearchPage(BasePage):
```

```python
    keyword_loc=(By.ID,'sb_form_q')
    submit_loc=(By.ID,'sb_form_go')

    def type_keyword(self,kw):
        self.find_element(*self.keyword_loc).clear()
        self.find_element(*self.keyword_loc).send_keys(kw)

    def submit(self):
        self.find_element(*self.submit_loc).click()

    def test_searchkeyword(self,driver,kw,no_expect):
        self.open()
        self.type_keyword(kw)
        self.submit()
        sleep(5)
        assert(no_expect not in driver.page_source)
```

TC_Bing_Search_Case1.py 文件的内容如下。

```python
import unittest
from SearchPage import *
from selenium import webdriver

class bing_search(unittest.TestCase):
    def setUp(self):
        self.driver=webdriver.Chrome()
        self.Spage = SearchPage(self.driver)

    #正常输入情况的 3 个用例
    def test_ok_cn(self):
        """搜索全中文搜索词"""
        self.Spage.test_searchkeyword(self.driver, r'异步社区', '没有与此相关的结果')

    def test_ok_en(self):
        """搜索全英文搜索词"""
        self.Spage.test_searchkeyword(self.driver, r'loadrunner', '没有与此相关的结果')

    def test_ok_cnanden(self):
        """搜索中英文混合搜索词"""
        self.Spage.test_searchkeyword(self.driver, r'于涌 loadrunner', '没有与此相关的结果')

    #异常输入情况的 3 个用例
    def test_no_blank(self):
        """搜索空搜索词"""
        self.Spage.test_searchkeyword(self.driver, r' ', '没有与此相关的结果')

    def test_no_longcha(self):
        """搜索超长搜索词,如110个字符'a' """
```

```python
        self.Spage.test_searchkeyword(self.driver, 110*'a', '没有与此相关的结果')

    def test_no_escape(self):
        """搜索转义字符搜索词"""
        self.Spage.test_searchkeyword(self.driver, r'\\', 'There are')

    def tearDown(self):
        self.driver.quit()
```

TC_Bing_Search_Case2.py 文件的内容如下。

```python
import unittest
from SearchPage import *
from selenium import webdriver

class bing_search(unittest.TestCase):
    def setUp(self):
        self.driver=webdriver.Firefox()
        self.Spage = SearchPage(self.driver)

    #正常输入情况的 6 个用例
    """搜索全中文搜索词"""
    def test_ok_sikuli(self):
        """搜索 sikuli"""
        self.Spage.test_searchkeyword(self.driver, r'sikuli', '没有与此相关的结果')

    def test_ok_qtp(self):
        """搜索 qtp"""
        self.Spage.test_searchkeyword(self.driver, r'qtp', '没有与此相关的结果')

    def test_ok_ai(self):
        """搜索 ai testing"""
        self.Spage.test_searchkeyword(self.driver, r'ai testing', '没有与此相关的结果')

    def test_ok_jmeter(self):
        """搜索 jmeter"""
        self.Spage.test_searchkeyword(self.driver, r'jmeter', '没有与此相关的结果')

    def test_ok_game(self):
        """搜索 game testing"""
        self.Spage.test_searchkeyword(self.driver, r'game testing', '没有与此相关的结果')

    def test_ok_api(self):
        """搜索 api testing"""
        self.Spage.test_searchkeyword(self.driver, r'api testing', '没有与此相关的结果')

    def tearDown(self):
        self.driver.quit()
```

runner.py 文件的内容如下：

```python
import unittest
import time
from HTMLTestRunner import HTMLTestRunner

if __name__ == "__main__":
    testcases_dir='./testcases/'
    testreports = './reports/'
    suite=unittest.defaultTestLoader.discover(testcases_dir,pattern='TC*.py')
    filename = testreports+time.strftime("result.html")
    fp = open(filename, 'wb')
    runner = HTMLTestRunner(stream=fp, title="Bing 搜索测试报告", description="测试环境：Windows 10（64 位）浏览器：80.0.3987.132（正式版本）(64 位)")
    runner.run(suite)
    fp.close()
```

在 Bing_Search 项目中，有两个基于 Bing 搜索的测试脚本文件（TC_Bing_Search_Case1.py 和 TC_Bing_Search_Case2.py），每个脚本文件各包含 6 个测试用例。

运行 runner.py 脚本文件，测试执行完之后，将生成测试报告，如图 11-17 所示。

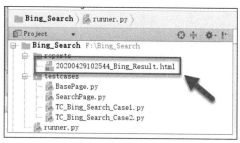

图 11-17　生成的测试报告

使用任意浏览器打开测试报告，显示信息，如图 11-18 所示。

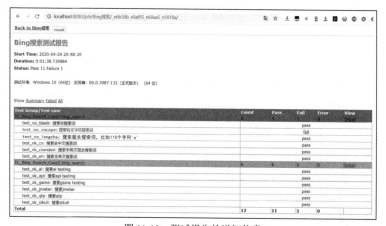

图 11-18　测试报告的详细信息

第11章 基于 Docker、Jenkins 与 Selenium 实现分布式自动化测试

这里我们重点关注的是测试报告中的执行时长,可以看到运行整个测试共耗时 3 分 26 秒。只运行 12 个测试用例就耗费了这么长时间,对于正在实施敏捷、DevOps 的项目来讲,这是不是有些难以接受呢?

11.4 基于 Docker + Jenkins + Selenium 实现分布式自动化测试

那么有没有什么方法可以让基于 UI 层面的自动化测试在执行效率上能够有比较大的提升呢?下面综合使用以往学过的 Selenium、Docker、UnitTest、PageObject、Jenkins、HTMLTestRunner 以及 Selenium Grid 来实现分布式自动化测试,这里仍然结合 Bing 搜索案例进行演示。这样做的目的是让大家对比一下两者执行效率上的差异并掌握基于 Selenium + Docker + Jenkins 实现分布式自动化测试的方法。

在脚本方面不需要做太多更改,BasePage.py 和 SearchPage.py 文件保持不变。
TC_Bing_Search_Case1.py、TC_Bing_Search_Case2.py 和 runner.py 文件只需要做少量修改。

TC_Bing_Search_Case1.py 文件的内容如下。

```python
import unittest
from SearchPage import *
from selenium import webdriver

class bing_search(unittest.TestCase):
    def setUp(self):
        self.driver=webdriver.Remote(command_executor='http://localhost:4444/wd/hub',
                                     desired_capabilities={'browserName': 'chrome'})
        self.Spage = SearchPage(self.driver)

    #正常输入情况下的 3 个用例
    def test_ok_cn(self):
        """搜索全中文搜索词"""
        self.Spage.test_searchkeyword(self.driver, r'异步社区', '没有与此相关的结果')

    def test_ok_en(self):
        """搜索全英文搜索词"""
        self.Spage.test_searchkeyword(self.driver, r'loadrunner', '没有与此相关的结果')

    def test_ok_cnanden(self):
        """搜索中英文混合搜索词"""
        self.Spage.test_searchkeyword(self.driver, r'于涌 loadrunner',
                                      '没有与此相关的结果')

    #异常输入情况下的 3 个用例
```

```python
    def test_no_blank(self):
        """搜索空搜索词"""
        self.Spage.test_searchkeyword(self.driver, r' ', '没有与此相关的结果')

    def test_no_longcha(self):
        """搜索超长搜索词，比如110个'a'字符"""
        self.Spage.test_searchkeyword(self.driver, 110*'a', '没有与此相关的结果')

    def test_no_escape(self):
        """搜索转义字符搜索词"""
        self.Spage.test_searchkeyword(self.driver, r'\\', 'There are')

    def tearDown(self):
        self.driver.quit()
```

TC_Bing_Search_Case2.py 文件的内容如下。

```python
import unittest
from SearchPage import *
from selenium import webdriver

class bing_search(unittest.TestCase):
    def setUp(self):
        self.driver=webdriver.Remote(command_executor='http://localhost:4444/wd/hub',
                                    desired_capabilities={'browserName': 'chrome'})
        self.Spage = SearchPage(self.driver)

    #正常输入情况下的6个用例
    """搜索全中文搜索词"""
    def test_ok_sikuli(self):
        """搜索sikuli"""
        self.Spage.test_searchkeyword(self.driver, r'sikuli', '没有与此相关的结果')

    def test_ok_qtp(self):
        """搜索qtp"""
        self.Spage.test_searchkeyword(self.driver, r'qtp', '没有与此相关的结果')

    def test_ok_ai(self):
        """搜索ai testing"""
        self.Spage.test_searchkeyword(self.driver, r'ai testing', '没有与此相关的结果')

    def test_ok_jmeter(self):
        """搜索jmeter"""
        self.Spage.test_searchkeyword(self.driver, r'jmeter', '没有与此相关的结果')

    def test_ok_game(self):
        """搜索game testing"""
        self.Spage.test_searchkeyword(self.driver, r'game testing',
```

```
                                    '没有与此相关的结果')

    def test_ok_api(self):
        """搜索 api testing"""
        self.Spage.test_searchkeyword(self.driver, r'api testing',
                                    '没有与此相关的结果')

    def tearDown(self):
        self.driver.quit()
```

runner.py 文件的内容如下。

```
import unittest
import time
from HTMLTestRunner import HTMLTestRunner

if __name__ == "__main__":
    testcases_dir='./testcases/'
    testreports = './reports/'
    suite=unittest.defaultTestLoader.discover(testcases_dir,pattern='TC*.py')
    filename = testreports+"result.html"
    fp = open(filename, 'wb')
    runner = HTMLTestRunner(stream=fp, title="Bing 搜索测试报告", description="测试环境：
Windows 10（64 位）浏览器：80.0.3987.132（正式版本）（64 位）")
    runner.run(suite)
    fp.close()
```

如图 11-19 所示，在 Jenkins 页面中单击"新建 Item"选项或"创建一个新任务"链接。

图 11-19 创建新任务的两种方法

指定任务名称为"Bing 搜索"，选择 Freestyle project（自由风格项目），单击"确定"按钮，如图 11-20 所示。

如图 11-21 所示，在"一般"选项卡中，可以填写关于"Bing 搜索"任务的描述信息，单击"高级"按钮。

11.4 基于 Docker + Jenkins + Selenium 实现分布式自动化测试

图 11-20　创建 "Bing 搜索" 任务

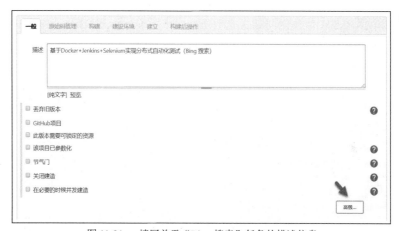

图 11-21　填写关于 "Bing 搜索" 任务的描述信息

如图 11-22 所示，选中 "使用自定义的工作空间" 复选框，而后在 "目录" 文本框中填写 Bing 搜索任务的存放路径，在 "显示名称" 文本框中填写 "Bing 搜索"。

图 11-22　自定义工作空间

在 "构建" 选项卡中，设置每隔 30 min 执行一次，如图 11-23 所示。

199

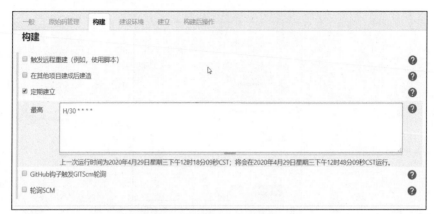

图 11-23 设置每隔 30 min 执行一次

如图 11-24 所示,在添加构建步骤时,选择 Execute Windows batch command(执行 Windows 批处理命令)。

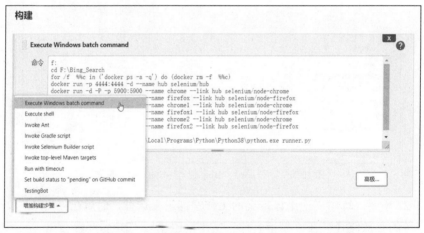

图 11-24 选择 Execute Windows batch command

如图 11-25 所示,在用于执行批处理命令的文本框中输入以下命令。

```
f:
cd  F:\Bing_Search
for /f  %%c in ('docker ps -a -q') do (docker rm -f  %%c)
docker run -p 4444:4444 -d --name hub selenium/hub
docker run -d -P -p 5900:5900 --name chrome --link hub selenium/node-chrome
docker run -d -P -p 5901:5900 --name firefox --link hub selenium/node-firefox
docker run -d -P -p 5902:5900 --name chrome1 --link hub selenium/node-chrome
docker run -d -P -p 5903:5900 --name firefox1 --link hub selenium/node-firefox
docker run -d -P -p 5904:5900 --name chrome2 --link hub selenium/node-chrome
docker run -d -P -p 5905:5900 --name firefox2 --link hub selenium/node-firefox
@ping -n 10 127.1>nul
C:\Users\Administrator\AppData\Local\Programs\Python\Python38\python.exe runner.py
```

11.4 基于 Docker + Jenkins + Selenium 实现分布式自动化测试

在上面的命令中，for /f %%c in ('docker ps -a -q') do (docker rm -f %%c)表示循环强制删除所有容器。@ping -n 10 127.1>nul 表示 ping 本机 10 次，nul 表示不显示 ping 信息，目的是等待 10s，等所有容器都正常运行后，再执行 Selenium 脚本。关于其他的命令，这里不再赘述。

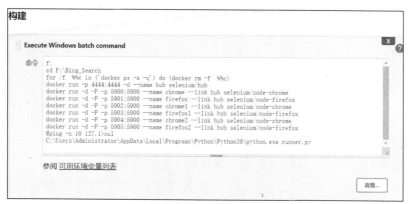

图 11-25　输入批处理命令

如图 11-26 所示，在构建后，我们希望能够显示本次测试的报告，从"增加构建后操作步骤"上拉列表中选择 Publish HTML reports。

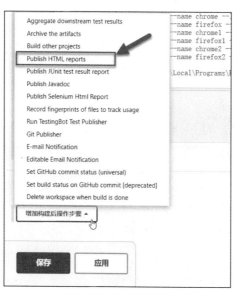

图 11-26　显示本次测试的报告

如图 11-27 所示，由于后续脚本始终将每次的测试结果都写入 F:\Bing_Search\reports\result.html 文件，因此为 HTML directory to archive 输入 F:\Bing_Search\reports，为 index page[s] 输入 result.html，其他选项可以根据需要自行设置。

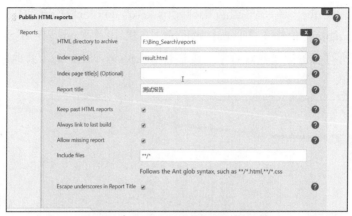

图 11-27　用于发布测试报告的相关配置

如图 11-28 所示，单击"保存"按钮，保存相关配置信息。

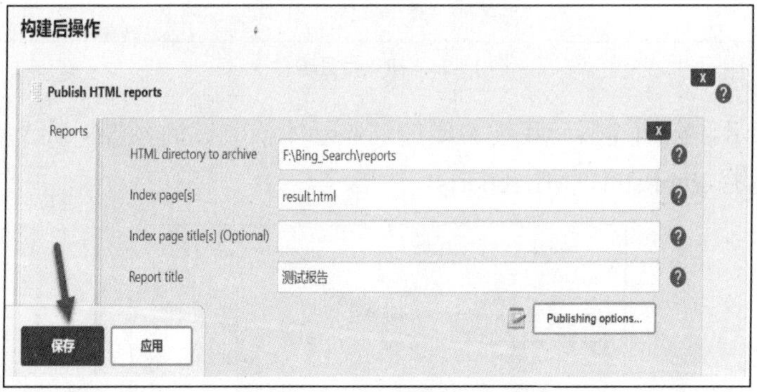

图 11-28　保存相关配置信息

如图 11-29 所示，配置完成后，返回 Bing 搜索任务，单击"立即构建"选项。

图 11-29　单击"立即构建"选项

11.4 基于 Docker + Jenkins + Selenium 实现分布式自动化测试

如图 11-30 所示，在构建 Bing 搜索任务时，将显示构建进度。

图 11-30　构建进度

如图 11-31 所示，Bing 搜索任务构建完毕后，将显示"测试报告"链接。

图 11-31　"测试报告"链接

单击"测试报告"链接，可以看到对应的 F:\Bing_Search\reports\result.html 文件的内容，如图 11-32 所示。

有时候测试报告在显示时，你会发现其中丢失了样式，测试报告变得非常难看。这个问题可以通过在系统配置的"脚本命令行"中输入 System.setProperty("hudson.model.DirectoryBrowserSupport.CSP","")并单击"运行"按钮来解决，如图 11-33 所示。当下次再执行测试时，生成的测试报告将显示正常。

还记得我们重点关注的内容是什么吗？对，是测试报告中的执行时长。基于 Selenium + UnitTest 的自动化测试的单例执行共耗时 3 分 26 秒，同样的测试用例采用 Docker + Jenkins + Selenium 实现分布式自动化测试后共耗时 1 分 38 秒。较单例执行方式，少 1 分 48 秒，是不是极大提高了工作效率呢？

第 11 章 基于 Docker、Jenkins 与 Selenium 实现分布式自动化测试

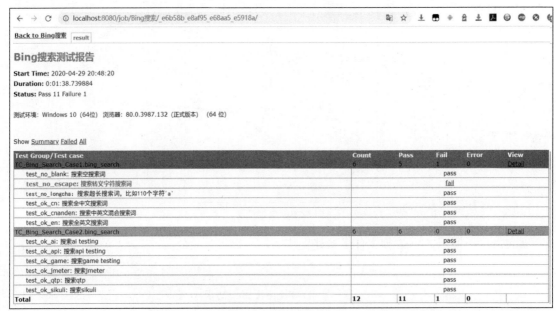

图 11-32 查看测试报告

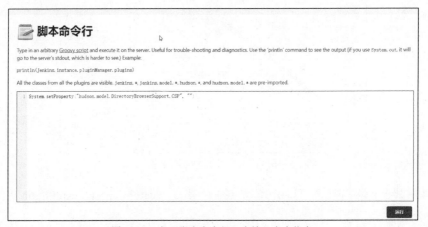

图 11-33 在"脚本命令行"中输入命令信息

也许你并不仅仅满足效率的提升,如果能自动发送一封测试报告的邮件给相关人是不是就更完美了呢?

现在就让我们在 Bing 搜索任务中通过配置插件的方式发送邮件。当然,也可以通过使用批处理命令(调用发送邮件的 Python 脚本)来完成。

你需要先安装 Email Extension Template Plugin 插件,如图 11-34 所示。插件的安装方法和过程前面已经介绍过,这里不再赘述。

11.4 基于 Docker + Jenkins + Selenium 实现分布式自动化测试

图 11-34 Email Extension Template Plugin 插件的相关信息

进入 Jenkins 的"系统配置"（System Configuration）选项卡，找到 Jenkins Location，设置"系统管理员邮件地址"，如图 11-35 所示。

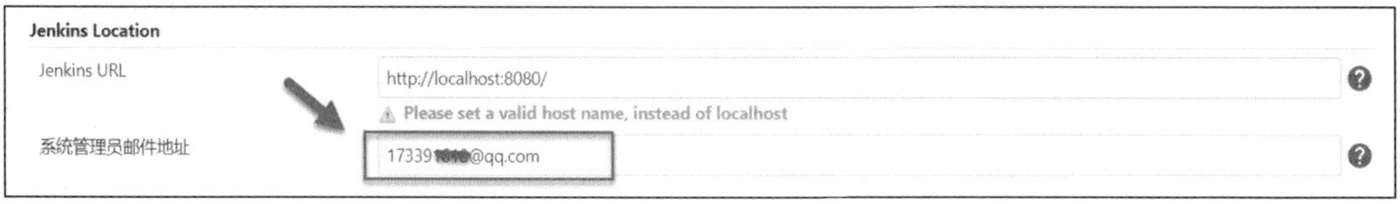

图 11-35 设置"系统管理员邮件地址"

找到"扩展电子邮件通知"区域，如图 11-36 所示。

图 11-36 "扩展电子邮件通知"区域

这里填写的都是相对重要和必填的内容。这里使用的是 QQ 邮箱。你应该根据自己的实际情况填写，并非一定要使用 QQ 邮箱。单击"高级"按钮，如图 11-37 所示。选中"使用 SMTP 验证"复选框，在"用户名"文本框中输入 QQ 邮箱地址。需要特别注意的是，你在"密码"文本框中输入的应该是授权码而非邮箱密码。对于"默认内容类型"，这里选择"HTML（文字/html）"类型，并输入默认收件人，这里仅设置一个收件人 testerteams@163.com。如果需要设置多个收件人，请以逗号进行分隔。

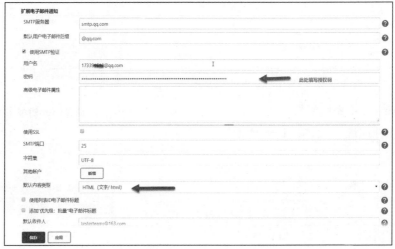

图 11-37　展开并设置"扩展电子邮件通知"选项区域

单击"默认触发器"按钮，如图 11-38 所示。

图 11-38　单击"默认触发器"按钮

如图 11-39 所示，在弹出的列表中选中 Always，表示每次触发都发送一封邮件。

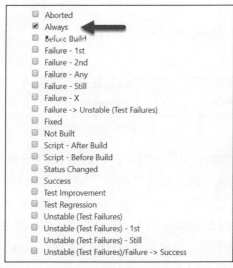

图 11-39　选中 Always

11.4 基于 Docker + Jenkins + Selenium 实现分布式自动化测试

如图 11-40 所示，单击"高级"按钮。

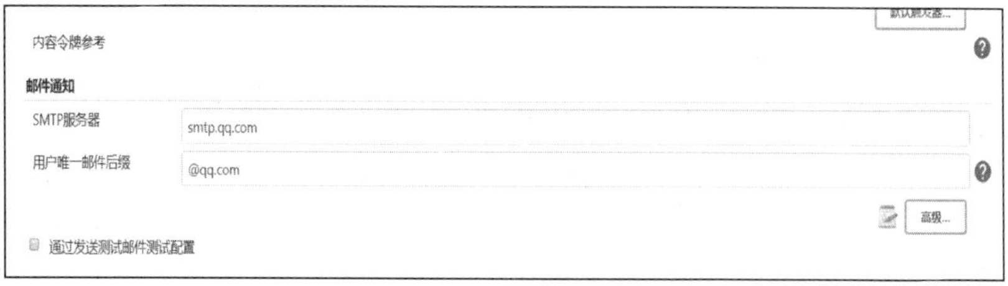

图 11-40　单击"高级"按钮

选中"使用 SMTP 认证"，在"用户名"文本框中输入 QQ 邮箱，在"密码"文本框中输入授权码。注意，这里的用户名一定要和前面的管理员邮箱设置相同，否则会导致发送不了邮件。指定 SMTP 端口，选中"通过发送测试邮件测试配置"复选框，并在"测试电子邮件收件人"文本框中输入收件人邮箱，单击"测试配置"按钮。具体设置如图 11-41 所示。

图 11-41　测试接收邮件的设置

如图 11-42 所示，打开 Foxmail，你会发现收到一封新邮件，标题为 Test email #6，正文为 This is test email #6 sent from Jenkins。

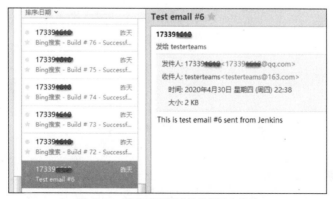

图 11-42　接收到的测试邮件的正文信息

只要收到类似的邮件，就说明配置是正确的，单击图 11-41 中的"保存"按钮。

接下来，需要配置"Bing 搜索"任务，进入"Bing 搜索"任务，单击"配置"图标，如图 11-43 所示。

图 11-43　单击"配置"图标

如图 11-44 所示，从"增加构建后操作步骤"上拉列表中选择 Editable Email Notification。

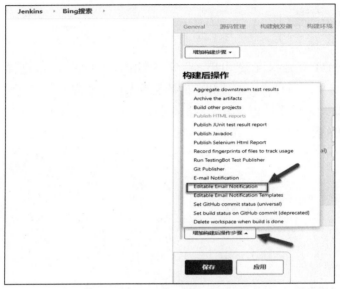

图 11-44　选择 Editable Email Notification

默认情况下将出现图 11-45 所示的页面信息。

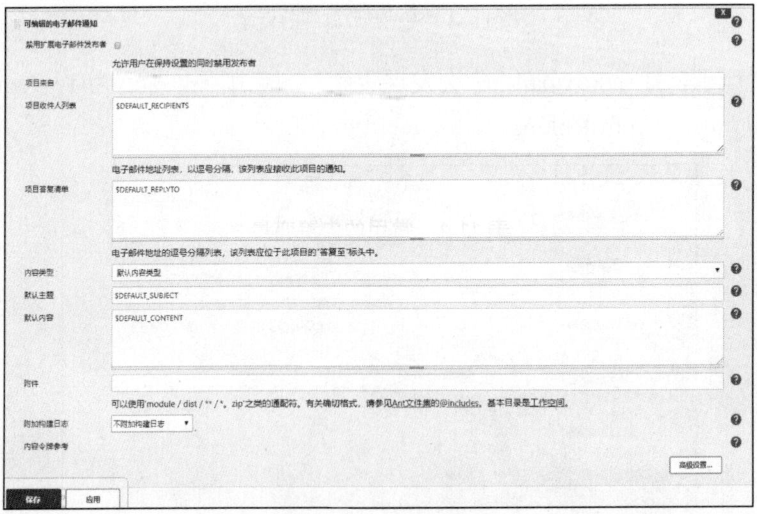

图 11-45　页面信息

11.4 基于 Docker + Jenkins + Selenium 实现分布式自动化测试

可以看出，这里明显继承了 Jenkins 系统设置中的相关选项。为了让大家看到更美观、更详细一些的测试报告邮件，这里对邮件的正文部分（也就是对应的"默认内容"选项）进行修改。现在，假设希望以后测试报告邮件的正文都采用图 11-46 所示样式。

图 11-46 测试报告邮件的正文的样式

下面修改"默认内容"选项，结合图 11-46 中的样式，写出对应的 HTML 代码。至此，大家可能会有很多疑问，例如怎样获得项目名称、构建编号、构建状态、对应的测试报告地址等。像项目名称、构建编号、构建状态等信息在 Jenkins 中是定义在变量中的，可以直接引用这些变量，引用方法就是"$"+"{"+大写的变量名+"}"，如${PROJECT_NAME}就代表项目名称。

常用的内置变量见表 11-1。

表 11-1 常用的内置变量

内置变量	说明
${BUILD_NUMBER}	当前的内部版本号，例如 153
${BUILD_ID}	当前版本的 id
${BUILD_DISPLAY_NAME}	当前版本的显示名称，默认情况下类似于#153
${EXECUTOR_NUMBER}	标识正在执行构建的当前执行程序（在同一台计算机的执行程序中）的唯一编号。这是你在"构建执行器状态"中看到的数字，这个数字是从 0 而不是 1 开始的
${WORKSPACE}	分配给构建作为工作空间的目录的绝对路径

续表

内置变量	说明
${JENKINS_HOME}	主节点上分配给 Jenkins 存储数据的目录的绝对路径
${JENKINS_URL}	Jenkins 的完整 URL，例如 http://server:port/jenkins /（注意，仅在系统配置中设置了 Jenkins URL 时可用）
${BUILD_URL}	完整的 URL
${BUILD_STATUS}	显示最近一次的构建状态
${PROJECT_URL}	项目的 URL
${PROJECT_NAME}	项目的名称
${CAUSE}	触发原因
$DEFAULT_SUBJECT	引用的是 Jenkins 系统设置中的"扩展电子邮件通知"区域的"默认主题"选项
$DEFAULT_RECIPIENTS	引用的是 Jenkins 系统设置中的"扩展电子邮件通知"区域的"默认收件人"选项

修改"默认内容"选项，如图 11-47 所示。

图 11-47　修改"默认内容"选项

HTML 代码如下。

```
<html>
 <head>
  <meta charset="UTF-8" />
  <title>${ENV, var=&quot;JOB_NAME&quot;}-第${BUILD_NUMBER}次构建日志</title>
 </head>
```

11.4 基于 Docker + Jenkins + Selenium 实现分布式自动化测试

```html
<body leftmargin="8" marginwidth="0" topmargin="8" marginheight="4" offset="0">
 <br />
 <br />
 <table width="95%" cellpadding="0" cellspacing="0" style="font-size: 11pt;
        font-family: Tahoma, Arial, Helvetica, sans-serif">
    <tbody>
       <center> <font color=blue size=5>大家好,以下为${PROJECT_NAME}项目构建信息
</font></center>
         <br>
         <br>
         <pre>


         </pre>
    <tr>
    <td><br /> <b><font color="#0B610B">构建信息</font></b>
       <hr size="2" width="100%" align="center" /></td>
    </tr>
    <tr></tr>
    <tr></tr>
    <tr>
    <td>
      <ul>
         <li>项目名称 :    ${PROJECT_NAME}</li>
         <li>构建编号 :    第${BUILD_NUMBER}次构建</li>
         <li>构建状态:   ${BUILD_STATUS}</li>
         <li>构建日志:   <a href="${BUILD_URL}console">${BUILD_URL}console</a></li>
         <li>构建 URL:    <a href="${BUILD_URL}">${BUILD_URL}</a></li>
         <li>工作目录 :    <a href="${PROJECT_URL}ws">${PROJECT_URL}ws</a></li>
         <li>项目 URL:    <a href="${PROJECT_URL}">${PROJECT_URL}</a></li>
         <li>测试报告: <a href="${PROJECT_URL}_e6b58b_e8af95_e68aa5_e5918a"><font size="2"
                color="red">第${BUILD_NUMBER}次构建测试报告</font></a>
          <br />
         </ul>
       </td>
    </tr>
   </tbody>
  </table>
 </body>
</html>
```

设置完毕之后,单击"保存"按钮。

细心的读者可能发现一个问题:测试报告是动态生成的,不像工作目录等,它们通过引用变量+ws 就能得到,怎么才能正确得到测试报告的具体链接地址呢?这是一个非常好的问题,事实上,必须先执行一次项目构建,才能知道测试报告的链接地址,之后再进行正确设置,如

图 11-48 所示。还有一个问题需要提醒大家，这里的设计是每次测试执行完之后都覆盖测试报告（因为每次都写入 result.html 文件），所以以前执行过的测试报告都会丢失，只保留最近一次的测试报告。如果希望保留之前的测试报告，就需要在命名测试报告文件时，像之前一样加上日期和时间等，以保证文件名的唯一性。

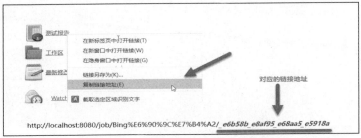

图 11-48　测试报告的具体链接地址的确定

针对设置每隔 30 分钟执行一次测试，可以看到在当天时段 12:19~14:20 接收到的由 Jenkins 自动发送的测试报告，如图 11-49 所示。

图 11-49　Jenkins 发送的测试报告

如图 11-50 所示，打开邮件查看正文，单击测试报告后的具体链接（如"第 99 次构建测试报告"），就可以查看本次执行的测试报告了。

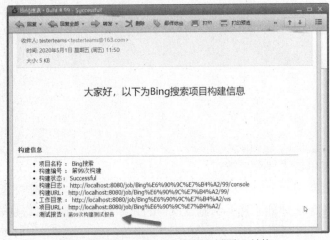

图 11-50　单击"第 99 次构建测试报告"链接

必须保持登录状态,否则将会弹出 Jenkins 登录页面,如图 11-51 所示。

图 11-51　Jenkins 登录页面

成功登录后,再次重新单击"第 99 次构建测试报告"链接,就可以成功打开测试报告,如图 11-52 所示。

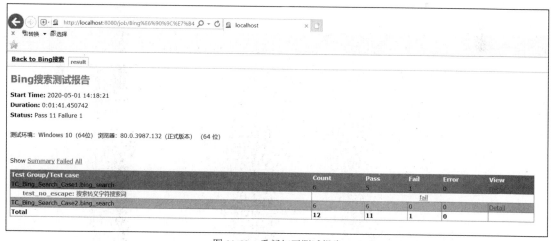

图 11-52　重新打开测试报告

邮件中存在类似 http://localhost:8080/job/Bing%E6%90%9C%E7%B4%A2/99/console 的 URL 地址,那么%E6%90%9C%E7%B4%A2 是什么呢?其实是汉字"搜索",你可以随意使用一个 URL 解码工具,对它进行解码,如图 11-53 和图 11-54 所示。

第 11 章 基于 Docker、Jenkins 与 Selenium 实现分布式自动化测试

图 11-53 URL 解码前的信息

图 11-54 URL 解码后的信息

第 12 章　Selenium 在性能测试和安全性测试方面的应用

Selenium 包含一系列用于支持 Web 浏览器自动化的工具和库，它们被广泛应用于自动化测试或兼容性测试。但似乎并没有听说过 Selenium 还可以用于性能测试和安全性测试，本章介绍 Selenium 如何辅助测试团队做性能测试和安全性测试。

12.1　使用 Selenium 辅助完成安全性测试

随着信息产业、互联网技术、网络技术的蓬勃发展以及网络速度的不断提高，越来越多的政府、企业和个人用户在工作和生活中更多地依赖计算机、互联网以及部署在网络环境中的各种应用系统，应用系统也变得越来越复杂、功能越来越强大。如何在有全球数十亿人互联的网络中保护应用系统、应用数据、个人信息的安全，这个问题不仅需要企业严肃对待，还需要每个人认真对待。无论网络环境、应用系统还是底层硬件设备、应用数据，它们的安全性也越来越被重视，安全性测试已经是软件企业必须要做的一类测试。Appscan、BurpSuite、WebInSpect、AWVS（Acunetix Web Vulnerability Scanner）、OWASP ZAP 等测试工具已被广泛应用于安全性测试。其中，Appscan 易用且功能强大，是一款非常优秀的商用测试软件，但价格不菲，通常情况下中小企业可能不愿意购买。那么有没有免费、开源且好用的安全性测试软件呢？有，这里要推荐的就是 OWASP ZAP。OWASP ZAP 的全称是 OWASP Zed Attack Proxy，它是一款针对 Web 应用程序进行渗透测试和漏洞检测的安全性测试软件，免费、开源且对多个平台提供支持。最主要的是，OWASP ZAP 可以非常完美地和 Selenium 配合使用，从而协同完成基于关键业务的安全性测试。

软件的安全性测试是评估和测试系统以发现系统及数据的安全风险和漏洞的过程。常见的安全性测试主要针对以下几方面进行。

- 漏洞检测：扫描并分析系统中的安全漏洞问题。
- 渗透测试：系统受到恶意攻击（用工具模拟产生）。
- 运行时测试：系统接受来自最终用户的分析和安全性测试。
- 代码审查：对系统代码进行详细的审查和分析，专门查找安全漏洞，如常见的 SQL 注入、跨站攻击等。

这里并没有将风险评估列入其中。这是因为风险评估实际上不是测试，而是对不同风险（软件安全性、硬件安全性等）的预测和感知，进而列出可能会出现的问题、这些安全性问题的严重性以及如何规避或缓解这些安全性问题。

现在介绍一条思路。OWASP ZAP 可以设置代理地址和端口号，而 Selenium 支持 HTTP/HTTPS 代理，这样 OWASP ZAP 就可以捕获 Selenium 的业务操作路径，对其实施有针对性的渗透、攻击以发现被测试应用系统的安全性问题。如图 12-1 所示，OWASP ZAP 的核心是所谓的"中间人代理"。"中间人代理"位于浏览器和 Web 应用程序之间，以便拦截和检查你在浏览器和 Web 应用程序之间发送的消息，根据需要修改内容，然后将这些数据包转发到目标位置。

图 12-1　OWASP ZAP 的工作原理

下面详细介绍操作步骤，如图 12-2 所示，从 OWASP ZAP 官网下载匹配的版本，这里下载最新的 Windows 64 位版本。

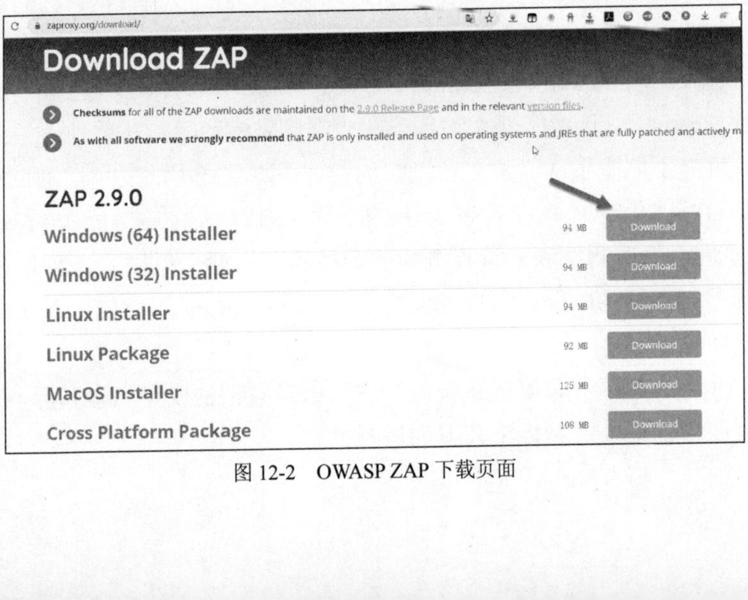

图 12-2　OWASP ZAP 下载页面

ZAP_2_9_0_windows.exe 文件下载完毕后，双击它开始安装。
如图 12-3 所示，选择 English，单击 OK 按钮。

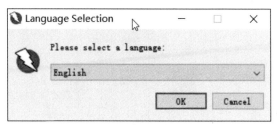

图 12-3　选择 English

如图 12-4 所示，单击 Next 按钮。

图 12-4　单击 Next 按钮

如图 12-5 所示，选中 I accept the agreement 单选按钮，单击 Next 按钮。

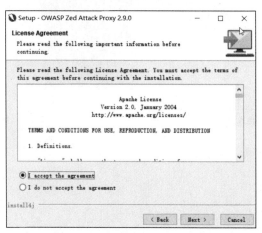

图 12-5　选中 I accept the agreement 单选按钮

如图 12-6 所示，选中 Standard installation 单选按钮，单击 Next 按钮。

如图 12-7 所示，单击 Install 按钮。

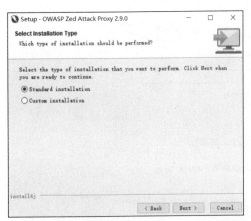

图 12-6　选中 Standard installation 单选按钮

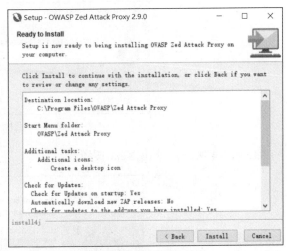

图 12-7　单击 Install 按钮

如图 12-8 所示，开始显示安装进度。

如图 12-9 所示，安装完毕后，单击 Finish 按钮。

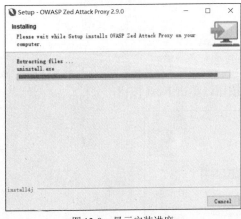

图 12-8　显示安装进度

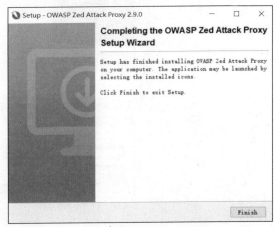

图 12-9　单击 Finish 按钮

启动 OWASP ZAP 2.9.0，如图 12-10 所示。选择第一项，单击"开始"按钮。

12.1 使用 Selenium 辅助完成安全性测试

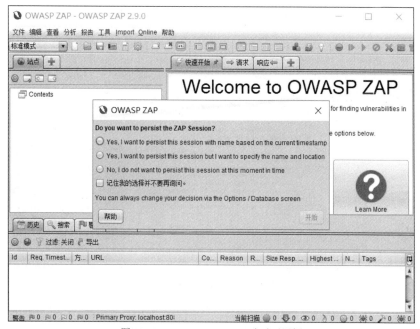

图 12-10　OWASP ZAP 2.9.0 启动对话框

进入 OWASP ZAP 主界面后，选择"工具"→"选项"菜单项，如图 12-11 所示。

图 12-11　选择"工具"→"选项"菜单项

单击 Dynamic SSL Certificates 选项，右侧出现对应的功能界面，单击"保存"按钮，保存根证书，如图 12-12 所示。

219

这里将根证书保存到桌面，如图 12-13 所示。

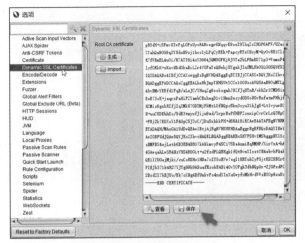
图 12-12 保存根证书

图 12-13 保存到桌面的根证书

接下来打开 Firefox 浏览器，进入"选项"页面后，单击"隐私与安全"，而后单击页面最下方的"查看证书"按钮，在弹出的"证书管理器"对话框中单击"导入"按钮，如图 12-14 所示。

图 12-14 "证书管理器"对话框

导入刚才保存的根证书，如图 12-15 所示。

根证书导入成功后，将在"证书颁发机构"选项卡中显示相关信息，如图 12-16 所示。

默认情况下，OWASP ZAP 代理使用的是本地的 8080 端口。如果出现端口冲突，那么需要修改为其他可用端口，如图 12-17 所示。

12.1 使用 Selenium 辅助完成安全性测试

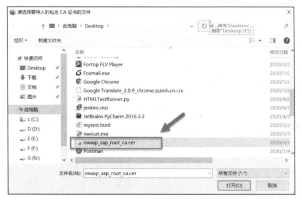

图 12-15 导入根证书

图 12-16 根证书的相关信息

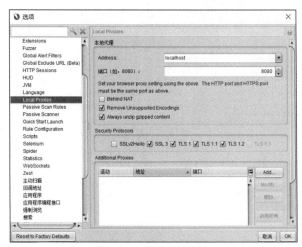

图 12-17 修改本地代理

第 12 章　Selenium 在性能测试和安全性测试方面的应用

结合我自己的情况，本地的 8080 端口可用，因而不对端口号做修改。

接下来，开始编写 Selenium 脚本，因为需要使通过 Selenium 发送的请求都经过本地代理，所以需要编写相关代码。这里仍以 Bing 搜索为例，相关代码如下。

```python
from selenium import webdriver
from selenium.webdriver.common.by import By
from selenium.webdriver.common.proxy import Proxy, ProxyType

#配置代理
prox = Proxy()
prox.proxy_type = ProxyType.MANUAL

#设置 HTTPS 和 HTTP 协议代理的地址和端口号
prox.http_proxy = "localhost:8080"
prox.ssl_proxy = "localhost:8080"

#设定相关配置信息
capabilities = webdriver.DesiredCapabilities.FIREFOX
prox.add_to_capabilities(capabilities)

#加载配置信息
driver = webdriver.Firefox(desired_capabilities=capabilities)

#业务操作步骤
driver.get('http://www.bing.com')
driver.find_element(By.ID, 'sb_form_q').send_keys('异步社区')
driver.find_element(By.ID, 'sb_form_go').click()
```

图 12-18 显示了 Selenium 代码与连接设置中相关选项的对应关系。

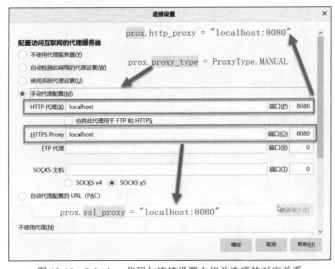

图 12-18　Selenium 代码与连接设置中相关选项的对应关系

222

12.1 使用 Selenium 辅助完成安全性测试

当执行 Selenium 脚本时,你将发现 OWASP ZAP 能自动捕获到请求信息,并进行有关安全性方面的测试,可将发现的问题汇总到"警报"选项卡,如图 12-19 所示。

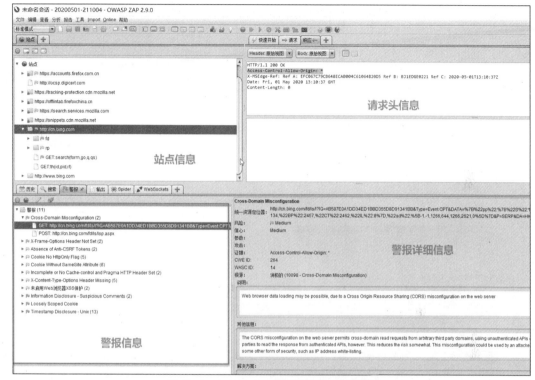

图 12-19 OWASP ZAP 捕获的站点与警报信息

这样,在每次执行自动化测试的同时又执行了安全性测试,是不是一举两得呢?可以看到 OWASP ZAP 共给出了 11 条警报信息。刚看到这些警报信息时,你一定会感到非常紧张。你需要分析每条警报信息到底是什么意思,为什么会出现警报,它们对系统会带来哪些影响以及如何修复缺陷。并不是说所有问题都必须修复,有些问题可能会因为使用了更好的框架或第三方 SDK,抑或因为运营平台实施的一些防护手段就可以避免发生。你需要因地制宜,针对实际情况进行有效处理。

可以生成 HTML 报告,从而方便自己或他人了解安全性方面的问题,单击"报告"→"生成 HTML 报告",如图 12-20 所示。这里保存为 Bing.html,如图 12-21 所示。

如图 12-22 所示,OWASP ZAP 扫描后生成的报告(Bing.html)给出了比较详细的安全性相关问题,包括不同风险级别的问题数量、详细的警报内容等。

当然,也许你并不满足,可以基于测试的网站执行进一步的攻击、内容爬取、渗透等,如图 12-23 所示。

第 12 章　Selenium 在性能测试和安全性测试方面的应用

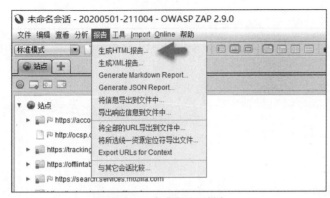

图 12-20　生成 HTML 报告

图 12-21　保存为 Bing.html

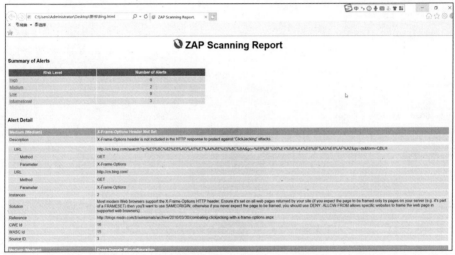

图 12-22　OWASP ZAP 扫描后生成的报告

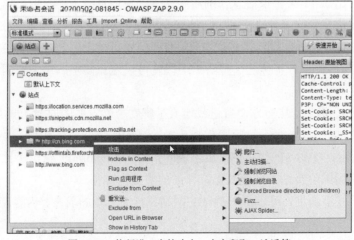

图 12-23　执行进一步的攻击、内容爬取、渗透等

12.2 使用 Selenium 辅助完成性能测试背后的思想

随着互联网的蓬勃发展，软件的性能测试已经越来越受到软件开发商、用户的重视。软件前期用户较少，但随着用户的逐步增长以及宣传力度的加强，软件的使用者可能会以几倍、几十倍甚至几百倍的数量增长，如果不经过性能测试，通常软件在这种情况下都会崩溃，所以性能测试还是非常重要的。性能测试可以说是软件测试的重中之重。目前市场上已经有很多性能测试工具，商用的工具主要有 LoadRunner、RPT（Rational Performance Tester）等，免费的工具主要有 JMeter、Locust、ab 等。JMeter 由于开源、免费、稳定、功能强大且支持分布式部署，目前被广泛用于接口测试和性能测试。

现在问题来了，假设目前对 Selenium 的掌握已经比较深入，但是对 JMeter 的使用以及性能测试相关知识的掌握处于初级阶段，那么是否能够完成性能测试工作呢？从系统掌握性能测试的角度讲，建议从性能测试的基础理论学起，进行系统学习，理论掌握扎实、工具应用熟练、实际操控能力好、对技术充满热爱和勤奋好学是做好测试工作的基础。

12.3 JMeter 的安装、配置与使用

只要对 JMeter 稍有了解，就一定知道 JMeter 支持代理录制，那么通过对 12.2 节的学习，不知道你有什么想法？对，可以利用代理录制帮我们完成 JMeter 性能测试脚本的自动生成，这样就解决了一个大难题，因为作为性能测试初级人员，编写性能测试脚本无疑是最困难的一件事情。

为了能够让更多没有性能测试经验的读者基本掌握 JMeter，这里对 JMeter 的安装和使用做简单介绍。

12.3.1 下载 JMeter 的安装环境

既然是一款纯 Java 应用程序，那么 JMeter 肯定需要 Java 运行环境。关于 Java 运行环境的安装，这里不再赘述，请大家自行安装。需要注意的是，必须使用 Java 8 以上版本。

关于 JMeter，可以到官网去下载最新版本，如图 12-24 所示。

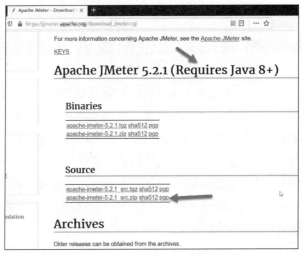

图 12-24　JMeter 下载页面

到目前为止，JMeter 的最新版本为 5.2.1，这里我们下载 apache-jmeter-5.2.1.zip。

12.3.2　安装 JMeter

双击已成功下载的 apache-jmeter-5.2.1.zip，将弹出图 12-25 所示窗口。

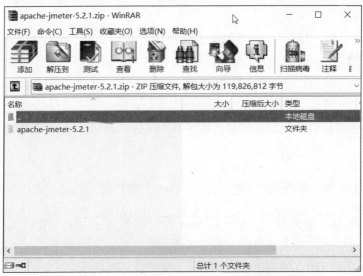

图 12-25　apache-jmeter-5.2.1.zip 压缩文件中的内容

这里将 apache-jmeter-5.2.1.zip 解压到 F 盘根目录，如图 12-26 所示。

12.3　JMeter 的安装、配置与使用

图 12-26　解压 apache-jmeter-5.2.1.zip

接下来，需要进入 F:\apache-jmeter-5.2.1\bin 目录，找到 jmeter.bat 文件，双击该文件，运行 JMeter。

JMeter 运行后，将显示图 12-27 所示界面。

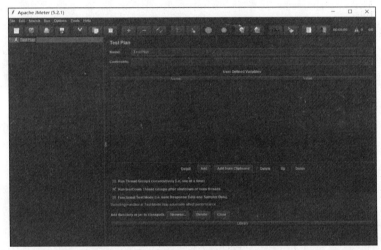

图 12-27　JMeter 的主界面

12.3.3　JMeter 的录制需求

很多读者可能已经习惯使用"录制"方式，让工具自动帮我们捕获客户端和服务器端的交互过程，也可以理解为自动捕获客户端和服务器之间的接口信息。下面以如何在 https://www.bing.com 页面上搜索"异步社区"的操作过程为例。不过实现方式不是录制，而是让 JMeter 充当代理服务器，用 Selenium 连接到 JMeter 并调用 Firefox 浏览器以运行 Bing 搜索业务，这样就会在 JMeter 中自动生成对应的 JMeter 脚本内容。

12.3.4　创建线程组

JMeter 的任务必须由线程处理，任务都必须在线程组中创建，因此必须先在测试计划（Test

Plan）下创建线程组（Thread Group）。线程组的创建方法是右击 Test Plan，在弹出的快捷菜单中依次选择 Add→Threads(Users)→Thread Group，如图 12-28 所示。

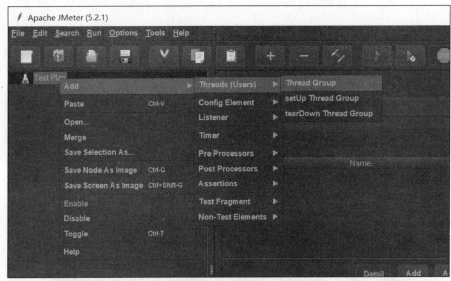

图 12-28　创建线程组

线程组创建完毕后，将出现图 12-29 所示界面，下面简单介绍一下相关选项的含义，参见表 12-1。

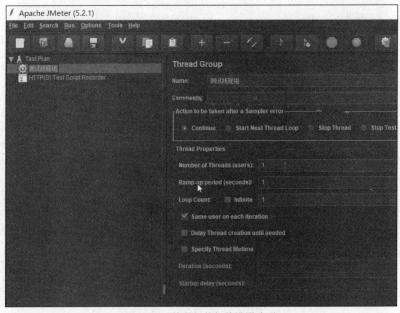

图 12-29　线程组的相关设置选项

12.3 JMeter 的安装、配置与使用

表 12-1 线程组的相关设置选项

选项	说明
Name	线程组的名称，最好起个有意义的名字
Comments	注释信息，如果需要可以填写
Action to be taken after a Sampler error	设置当使用 Sampler 元件模拟用户请求出错后该怎样进行处理。 □ Continue：请求出错后，继续运行。 □ Start Next Thread Loop：如果出错，启动下一个线程，当前线程的后续操作将不被执行。 □ Stop Thread：停止出错的线程。 □ Stop Test：停止测试，执行完本次迭代后，停止所有线程。 □ Stop Test Now：立刻停止，马上停止所有线程的执行
Number of Threads(users)	运行的线程数量，每一个线程相当于一个虚拟用户，每个虚拟用户可以模拟一个真实用户的行为
Ramp-up period(seconds)	线程启动后开始运行的时间间隔，以秒为单位。如果线程数量设置为 20，并且此处设置为 10，那么就会每秒加载 20/10=2 个虚拟用户。如果此处设置为 0，则表示 20 个线程（虚拟用户）同时运行
Loop Count	Loop Count 表示循环次数，若选中 Forever，则一直执行，除非停止执行
Delay Thread creation until needed	在有需要的情况下可以为线程设置创建延时，若被选中，则表示线程在指定的 Ramp-up period 时间间隔内启动并运行
Scheduler	调度，用于指定何时开始运行测试
Duration(seconds)	设置持续运行时间
Startup delay(seconds)	设置等待多少秒以后开始运行

这里只是做简单的线程组创建练习，可将线程组的名称设置为"测试线程组"，其他不做变更。

1. 添加测试脚本录制器

右击 Test Plan，在弹出的快捷菜单中依次选择 Add→Non-Test Elements→HTTP(S) Test Script Recorder，添加测试脚本录制器，如图 12-30 所示。

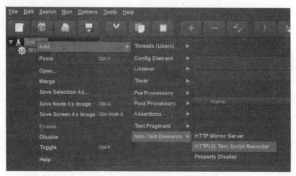

图 12-30 添加测试脚本录制器

测试脚本录制器创建完之后，将出现图 12-31 所示界面，下面简单介绍一下相关设置选项的含义，参见表 12-2。

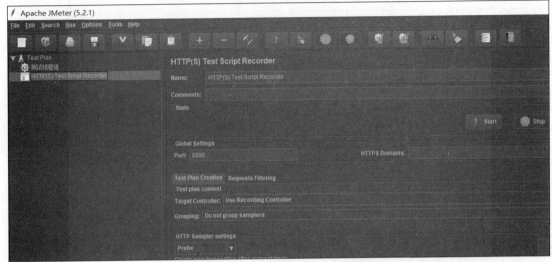

图 12-31　测试脚本录制器的相关设置选项

表 12-2　测试脚本录制器的相关设置选项

选项	说明
Name	测试脚本录制器的名称
Comments	注释信息
Start、Stop、Restart	启动测试脚本录制器、停止测试脚本录制器、重启测试脚本录制器
Port	端口，默认端口为 8888。如果和已有端口号冲突，可以变更端口
HTTPS Domains	HTTPS 域
Target Controller	目标控制器
Grouping	分组，脚本录制后将产生很多节点信息，为了方便查看这些节点，可以对它们进行分组，这样便于理解，默认不进行分组。 ❑ Capture HTTP Headers：录制请求头。 ❑ Add Assertions：添加断言，可以理解为性能测试中的检查点。 ❑ Regex Matching：正则表达式的匹配内容

JMeter 的测试脚本录制器主要通过代理方式来捕获浏览器操作，所以还需要在浏览器中设置对应一致的端口号，它们才能够正常通信并在 JMeter 中产生脚本信息。

后续我们应用的是 Firefox 浏览器，对应的脚本在实现之前已经做过详细介绍，这里不再赘述。在 Selenium 脚本中，笔者使用的是 8080 端口而非默认的 8888 端口。在启动 Firefox 浏览器后，打开"隐私与安全"选项卡，单击"设置"按钮，如图 12-32 所示。

12.3 JMeter 的安装、配置与使用

图 12-32　打开"隐私与安全"选项卡并单击"设置"按钮

在查看 HTTP 代理和 HTTPS 代理时，应显示 localhost:8080（见图 12-33）。端口号一定要和 JMeter 的端口号一致。

图 12-33　查看 HTTP 代理和 HTTPS 代理

2. 配置证书

随着信息技术的蓬勃发展，大家的安全意识也与日俱增，基于 HTTP 的网站已经越来越少，而基于 HTTPS 的网站越来越多。那么 HTTP 和 HTTPS 有什么不同呢？超文本传输安全协议（Hyper Text Transfer Protocol over SecureSocket Layer，HTTPS）是以安全为目标的 HTTP 通道，是 HTTP 的安全版。HTTPS 的安全基础是 SSL，SSL 依靠证书来验证服务器的身份，并对浏览器和服务器之间的通信加密。

HTTPS 和 HTTP 主要有以下几点区别。

❑　HTTPS 需要从 CA 申请证书，证书能够证明服务器的用途，只有在将证书应用于服

231

务器之后，客户端才信任对应的服务器。

- HTTP 是超文本传输协议，是明文传输协议；而 HTTPS 是具有安全性的 SSL 加密传输协议。
- HTTP 和 HTTPS 使用的端口也不同，HTTP 使用的是 80 端口，而 HTTPS 使用的是 443 端口。
- HTTP 是无状态协议，而 HTTPS 是由 SSL＋HTTP 构建的可进行身份认证和加密传输的协议。

综上，我们不难发现 HTTPS 的安全性更高。那么如何对基于 HTTPS 的应用进行脚本录制呢？我们需要配置 JMeter 自带的临时证书，让客户端和服务器都信任，从而才能正确录制到脚本，否则录制过程中可能会产生很多问题，这里不再赘述。

为了让 JMeter 正常工作，还需要为 Firefox 安装 JMeter 的临时根证书。

下面详细介绍如何配置证书。

启动 Firefox 浏览器，选择"隐私与安全"选项卡并单击"查看证书"按钮，在弹出的"证书管理器"对话框（见图 12-34）中，单击"导入"按钮。

图 12-34　"证书管理器"对话框

选择要导入的 JMeter 临时根证书（ApacheJMeterTemporaryRootCA），该证书存放在 JMeter 安装路径的 bin 目录下，有 7 天的有效期，如图 12-35 所示。选中证书文件，单击"打开"按钮。

如图 12-36 所示，在"下载证书"对话框中，选中"信任由此证书颁发机构来标识网站"和"信任由此证书颁发机构来标识电子邮件用户"复选框，单击"确定"按钮。

如图 12-37 所示，证书安装完毕之后，就会出现在"证书管理器"对话框中。

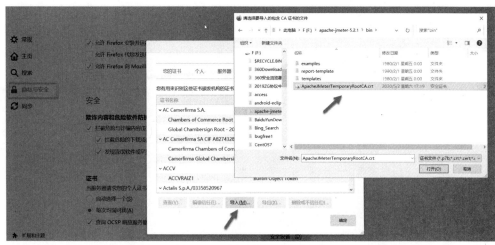

图 12-35　选择要导入的证书文件

图 12-36　"下载证书"对话框

图 12-37　已安装的证书出现在"证书管理器"对话框中

第 12 章　Selenium 在性能测试和安全性测试方面的应用

选中 JMeter 证书，单击"查看"按钮或者双击 JMeter 证书都会出现证书的详细信息。

如图 12-38 所示，在"有效期"区域，可以看到起始时间为"2020/5/2 下午 5:19:38 (Asia/Shanghai)"，终止时间为"2020/5/9 下午 5:19:38 (Asia/Shanghai)"，也就是有 7 天的有效期。

图 12-38　JMeter 证书的详细信息

12.4　使用 Selenium + JMeter 实现性能测试脚本的自动生成

证书安装完毕之后，就可以尝试启动脚本录制器，结合录制需求进行操作了。

新建一个线程组，如图 12-39 所示。

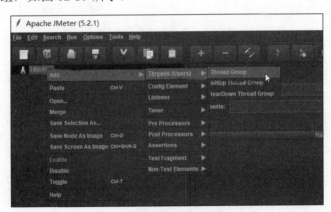

图 12-39　新建一个线程组

这里将新建的线程组命名为"Bing 搜索"，如图 12-40 所示。

如图 12-41 所示，创建一个脚本录制器（HTTP(S) Test Script Recorder）元件。

如图 12-42 所示，为了能够成功捕获使用 Selenium 启动 Firefox 浏览器时的相关业务请求数据，可以在脚本录制器元件中配置代理的监听端口为 8080，在 Target Controller 中选择 Test

12.4 使用 Selenium + JMeter 实现性能测试脚本的自动生成

Plan→"Bing 搜索",单击 Start 按钮。

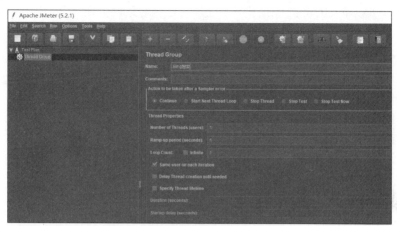

图 12-40　将新建的线程组命名为"Bing 搜索"

图 12-41　创建一个脚本录制器元件

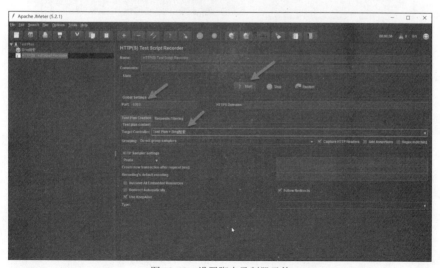

图 12-42　设置脚本录制器元件

脚本录制器启动后，将弹出图 12-43 所示对话框，其中是关于根证书的说明信息，这里不需要关注太多。可以单击 OK 按钮或者不予处理（这个对话框会在不久后自动关闭）。

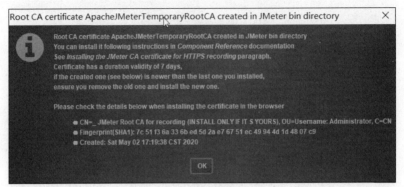

图 12-43　关于根证书的说明信息

接下来，计算机屏幕的左上方将出现一个提示框，如图 12-44 所示。

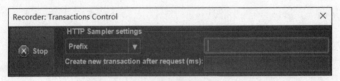

图 12-44　提示框

打开 PyCharm 并运行与 Bing 搜索对应的脚本，如图 12-45 所示。

图 12-45　用于搜索"异步社区"关键词的脚本

12.4 使用 Selenium + JMeter 实现性能测试脚本的自动生成

单击图 12-45 中的停止按钮，停止录制并返回到 JMeter 的主界面，如图 12-46 所示。

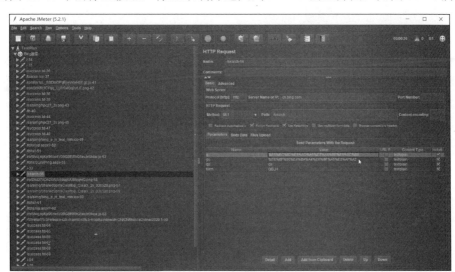

图 12-46　搜索"异步社区"关键词之后产生的脚本信息

从图 12-46 可以看到，在"Bing 搜索"线程组中产生了很多录制下来的脚本信息，可以粗略看到有 png、aspx、ico 等。这里不仅有 Bing 搜索网站的相关内容，还有 Firefox 浏览器的一些其他信息，这些信息显然不是我们想要录制到 JMeter 脚本中的内容。有两种方式可用来处理这种情况：一种是将不需要的脚本内容剪切掉；另一种是在录制脚本前设置过滤条件，在录制时自动忽略不想录制的内容，当然，这种方式不一定能真正过滤掉不想要的所有内容，但能减轻工作量。

经过优化后的脚本如图 12-47 所示，与 Bing 搜索无关的内容已删除。

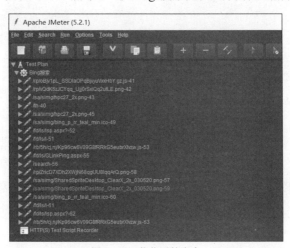

图 12-47　优化后的脚本

如图 12-48 所示，将优化后的脚本保存为 Bing.jmx，这样就完美创建了用于搜索"异步社区"关键词的业务脚本，是不是很简单呢？

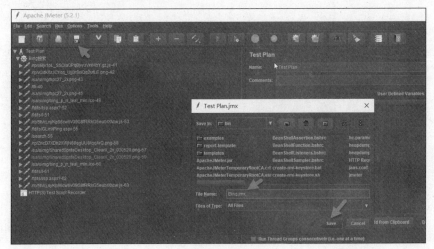

图 12-48　保存脚本

现在又有了一个新的问题，如何再次执行脚本并验证脚本执行正确？

1．添加监听器

右击"Bing 搜索"线程组，选择 Add→Listener→View Results Tree 元件，添加监听器，如图 12-49 所示。

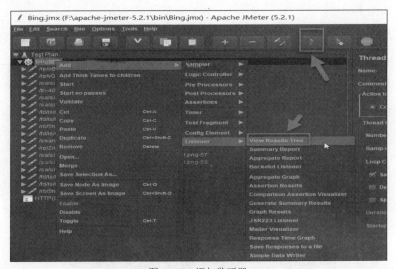

图 12-49　添加监听器

单击图 12-49 中的运行按钮，开始回放脚本。运行完毕后，单击 View Results Tree 元件后就能看到图 12-50 所示界面。

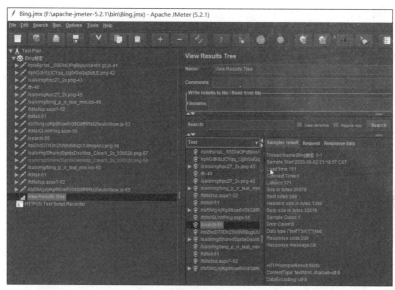

图 12-50　查看结果树

默认情况下，结果信息以 Text 方式展现。为了查看更加直观，可以切换成 HTML 方式，而后切换到 Response data 选项卡，就可以看到页面效果了，如图 12-51 所示。

图 12-51　以 HTML 方式展现响应数据的相关结果信息

可以看到，与真实的通过 Bing 搜索手动执行产生的结果是一致的。

2. 添加检查点

如果需要查看响应数据，而后和实际搜索结果进行对比，那工作量是不是太大了？自动化测试或性能测试中都有检查点的概念，单元测试中对应有断言，我们能不能在 JMeter 中加入类似的元件，从而方便我们直观地知道哪些结果是对的、哪些结果又是错的呢？当然可以！

可以通过添加响应断言（Response Assertion）元件来实现这个目的。右击"Bing 搜索"线程组，选择 Add→Assertions→Response Assertion 选项，添加响应断言元件，如图 12-52 所示。

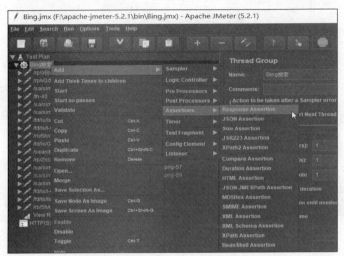

图 12-52　添加响应断言元件

添加了响应断言元件后，就可以添加文本响应断言。如果响应数据中包含某个文本，我们就认为测试成功执行了；否则，就认为失败了。这里为模式匹配规则选择 Contains，输入"人民邮电出版社"作为模式文本，如图 12-53 所示。

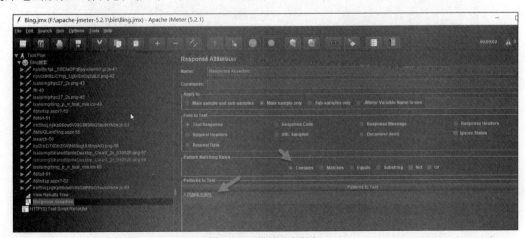

图 12-53　设置响应断言

当然，在设置模式文本时，必须确认在响应正确的情况下才会显示模式文本，如图 12-54 所示，"人民邮电出版社"在响应正确的情况下一定会出现。

12.4 使用 Selenium + JMeter 实现性能测试脚本的自动生成

图 12-54 搜索"异步社区"关键字后的响应数据

接下来，需要调整一下响应断言元件的位置，拖动响应断言元件到图 12-55 所示位置。

图 12-55 调整完响应断言元件之后的脚本

如图 12-56 所示，你还需要添加 HTTP Cookie Manager 元件。

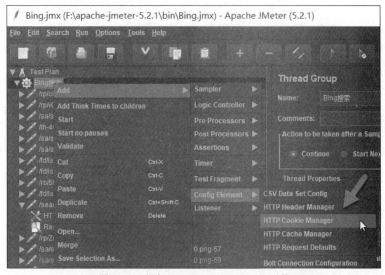

图 12-56 添加 HTTP Cookie Manager 元件

如图 12-57 所示（彩色效果请参见文前彩插），当设置的断言和实际响应结果一致时，就

241

以绿色的对号图标进行显示。

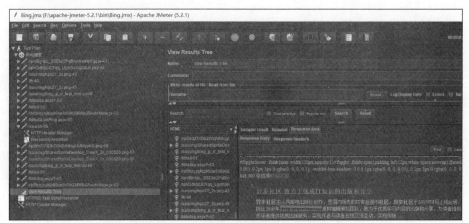

图 12-57　断言成功

如图 12-57 所示，可以看到断言正确，并未出现错误情况。但如果执行失败了，那么肯定还需要检查失败原因。

3. 分析结果信息

如果希望了解 Bing 搜索的相关业务请求的性能指标（如响应时间、吞吐量等），或者希望更加直观地查看请求的执行结果，可以添加图 12-58 所示的 Summary Report 和 View Results in Table 监控元件。

图 12-58　添加两个监控元件

12.4 使用 Selenium + JMeter 实现性能测试脚本的自动生成

再次回放 JMeter 脚本后，将生成概要报表信息，如图 12-59 所示。概要报表中相关字段的含义如表 12-3 所示。

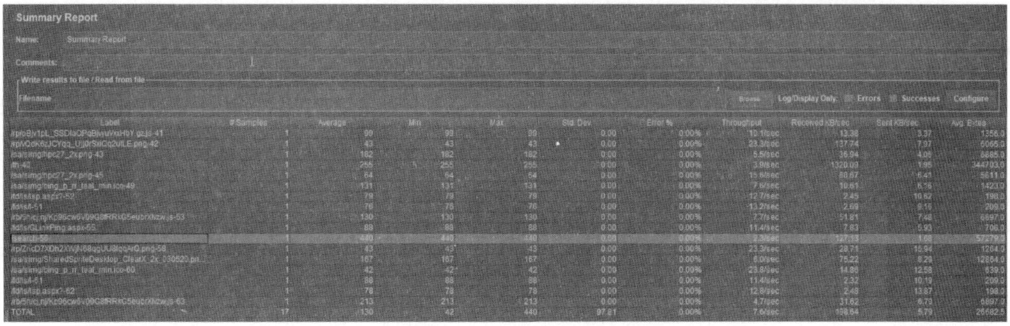

图 12-59 概要报表信息

表 12-3 概要报表中相关字段的含义

字段	含义
Label	取样器的别名
#Samples	取样器的运行次数
Average	请求的平均响应时间
Min	最小响应时间
Max	最大响应时间
Std.Dev	响应时间的标准偏差
Error %	业务（事务）的错误百分比
Throughput	吞吐量
KB/sec	每秒流量
Avg.Bytes	平均流量

再次回放 JMeter 脚本后，将产生表格形式的结果信息，如图 12-60 所示。相关字段的含义如表 12-4 所示。

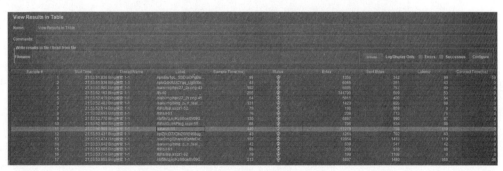

图 12-60 表格形式的结果信息

表 12-4 相关字段的含义

字段	含义
Sample#	取样器的运行编号
StartTime	当前取样器运行的开始时间
ThreadName	线程名称
Label	取样器的别名
SampleTime(ms)	服务器的响应时间，单位为毫秒
Status	状态（成功为绿色图标，失败为红色图标）
Bytes	响应数据的大小
SentBytes	发送数据的大小
Latency	为等待服务器响应耗费的时间
ConnectTime(ms)	与服务器建立连接耗费的时间

这里只是实现了 Bing 搜索业务脚本的自动生成（单用户脚本或接口层面的脚本）。如果要进行性能测试，那么还需要在此基础上结合性能测试用例场景来设置线程数、持续运行时长以及线程加载策略等内容，在此不再赘述。

当然，JMeter 工具提供了很多元件和功能。由于本书主要讲解 Selenium 自动化测试相关内容，因此我们仅对用到的部分内容进行较详细的讲解。如果想深入掌握其他内容，请阅读相应书籍，这里不再赘述。

如果对性能测试比较熟悉的话，那么一定知道上面的解决方案优缺点并存，为什么这么说呢？优点是能够完全从业务的角度出发，捕获到所有业务路径涉及的请求，这是最真实的业务场景。对真实情况进行性能测试才是有意义、有价值的。缺点是生成的请求繁杂，需要做二次处理、优化，较自行编写脚本投入的时间成本更高。

当然，这只是一种临时性的解决方案，要想做好性能测试工作，还需要做好性能理论、工具使用、监控手段、分析方法等知识及技能的长期积累才行。